Python编程做中学

LEARN TO CODE BY SOLVING PROBLEMS

A PYTHON PROGRAMMING PRIMER

[加] 丹尼尔·津加罗（Daniel Zingaro）著　王海鹏 译

人 民 邮 电 出 版 社

北 京

图书在版编目（CIP）数据

Python编程做中学 / (加) 丹尼尔·津加罗
(Daniel Zingaro) 著 ; 王海鹏译. -- 北京 : 人民邮电
出版社, 2022.8
ISBN 978-7-115-58939-2

Ⅰ. ①P… Ⅱ. ①丹… ②王… Ⅲ. ①软件工具—程序
设计 Ⅳ. ①TP311.561

中国版本图书馆CIP数据核字(2022)第046619号

版权声明

◆ 著　　[加] 丹尼尔·津加罗（Daniel Zingaro）
译　　王海鹏
责任编辑　郭泳泽
责任印制　王　郁　焦志炜

◆ 人民邮电出版社出版发行　北京市丰台区成寿寺路 11 号
邮编 100164　电子邮件 315@ptpress.com.cn
网址 https://www.ptpress.com.cn
山东华立印务有限公司印刷

◆ 开本：800×1000　1/16
印张：15.75　　2022 年 8 月第 1 版
字数：363 千字　　2022 年 8 月山东第 1 次印刷
著作权合同登记号　图字：01-2021-4700 号

定价：79.80 元

读者服务热线：(010) 81055410　印装质量热线：(010) 81055316
反盗版热线：(010) 81055315
广告经营许可证：京东市监广登字 20170147 号

内容提要

本书是一本零基础的 Python 编程入门书。全书介绍了 Python 的基本知识、条件语句、循环语句、列表、函数，并涉及数据结构、文件读写、算法等基本知识，引入了编程竞赛中重要的软件运行效率的概念。本书立足各编程挑战网站上的真题，将编程的基本思想和 Python 的知识点拆解成小任务，使读者在解题的过程中逐步探索，以亲自上手实践的方式学习编程。

本书适合想要零基础学习编程思想和 Python 编程语言的人阅读。

作者简介

Daniel Zingaro 博士是多伦多大学计算机科学的副教授和获奖教师。他的主要研究领域是计算机科学教育，研究计算机科学相关资料的学习方法。他是 *Algorithmic Thinking*（No Starch 出版社，2021 年）的作者，该书帮助学习者理解和使用算法和数据结构。

技术审校人简介

Luke Sawczak 是编辑也是业余程序员。他最喜欢的项目包括一个将散文转换为诗歌的转换器、一个切割正确数量的蛋糕块的视觉辅助工具，以及一个为数学老师制作的使用数字的 Boggle 游戏版本。他目前在多伦多郊区教法语和英语。他还创作诗和钢琴曲，如果可以的话，他愿意以此为生。

致谢

这是真的吗？我又能和No Starch出版社的人合作了？是Barbara Yien带我起航的。Bill Pollock和Barbara信任我在本书中使用的教学方法。Alex Freed编辑仔细、亲切，能够及时提供帮助。感谢所有参与本书制作的人，包括校对Kim Wimpsett、生产负责人Kassie Andreadis和封面设计师Rob Gale。我非常幸运能与他们合作。

感谢多伦多大学为我提供了写作的时间和地点。感谢技术审校人Luke Sawczak对手稿的仔细检查。

感谢所有为本书收录的问题和其他编程竞赛问题做出贡献的人。感谢DMOJ的管理人员对我工作的支持。

感谢我的父母，他们处理了所有事情——他们要求我做的就是学习。

感谢我的伴侣Doyali以无比的细心为本书投入大量精力。

最后，感谢大家阅读本书并愿意学习。

引　言

我们用计算机来完成任务和解决问题。例如，你也许曾用文字处理程序写过文章或信件，用电子表格程序来组织你的财务数据，用图像编辑程序来修饰一张图片。很难想象在没有计算机的情况下做这些事情。

文字处理程序、电子表格程序和图像编辑程序使我们获益。这些程序被写成通用工具，以完成各种各样的任务。不过，归根结底，它们是由其他人编写的程序，而不是由我们编写的。如果一个现有的程序不能完全满足我们的需要，该怎么办呢？

在本书中，我们的目标是学习如何控制计算机，编写自己的程序，而不是像普通用户那样仅使用已有程序、只做已有程序做到的事情。我们不会编写文字处理程序、电子表格或图像编辑程序，因为这些都是巨大的任务，而且幸运的是，已经有人完成了编写它们的工作。我们要学习的是如何编写小程序，以解决用其他方法无法解决的问题。我希望帮助你学习向计算机发出指令，这些指令将告诉计算机如何执行你的计划，以解决问题。

为了向计算机发出指令，我们用编程语言编写代码。编程语言规定了我们所写代码的规则，也规定了计算机对这些代码的响应。

我们将学习用 Python 编程语言编程。这是你将从本书中获得的一项具体技能，你可以将这项技能写入你的简历。除了 Python，你也会学到使用计算机解决问题所需的思维方式。编程语言换来换去，但我们解决问题的方式不会改变。我希望这本书能帮助你在从普通用户到程序员的道路上走得更远，并希望你能在探索中获得乐趣。

目标读者

本书适用于所有想学习如何编写计算机程序来解决问题的人。我想到了三类特定的人。

第一类，你可能已经听说过 Python 编程语言，并想学习如何用 Python 编写代码。我将在后面进一步解释为什么 Python 是入门编程的理想选择。在这本书中，你会学到很多关于 Python 的知识，为读更多关于 Python 的高级书籍打下基础——如果这是你的下一步计划。

第二类，如果你没有听说过 Python，或者只是想了解编程是怎么回事，不要担心，这本书也是为你准备的！本书将教你编程的思维。程序员有特殊的方法将问题分解成可管理的部分，并在代码中表达这些部分的解决方案。在这个层面上，使用什么编程语言并不重要，因为程序员的思维方式并不会绑定特定的语言。

第三类，你可能有兴趣学习其他一些编程语言，如 C++、Java、Go 或 Rust。作为学习 Python

的“副产品”，你学到的很多知识在你学习其他编程语言时都会很有用。另外，Python 本身也是值得学习的。接下来我们来谈谈为什么。

为什么学习 Python？

多年的编程入门教学让我意识到，Python 是入门编程语言的理想选择。与其他语言相比，Python 代码通常更具结构性和可读性。你一旦习惯了它，可能会认同这种说法——它的部分内容读起来很像英语！

Python 还具有许多其他语言所没有的特征，包括带有能够处理和存储数据的强大工具。我们将在本书中使用其中的许多特性。

Python 不仅是优秀的教学语言，在实践中还有着庞大的需求量。程序员们用它来编写网络应用程序、游戏、可视化工具、机器学习软件……

这是一种非常适合教学的语言，它也带来了专业优势。我没有更多奢求了！

安装 Python

在使用 Python 编程之前，我们需要安装它。现在我们就来做这件事。

主要的 Python 版本有两个——Python 2 和 Python 3。Python 2 是 Python 的旧版本，很多情况下已经不再受支持了。在本书中，我们使用 Python 3，所以你需要在计算机上安装 Python 3。

Python 3 是从 Python 2 演变而来的，但即使在版本 3 中，Python 也在持续变化。Python 3 的第一个版本是 Python 3.0，然后是 Python 3.1，接着是 Python 3.2，以此类推。在写这篇文章的时候，Python 3 的最新版本是 Python 3.9。对于本书来说，像 Python 3.6 这样的版本已经足够了，但我鼓励你安装并使用最新版本的 Python。

请根据你的操作系统来安装 Python。

Windows

Windows 默认不包含 Python。要安装 Python，请访问 Python 的官网并选择 Downloads。这将为你提供下载最新版本的 Python for Windows 的选项。选择链接下载 Python，然后运行安装程序。在安装过程的第一个界面选择 Add Python 3.9 to PATH 或 Add Python to environment variables，这会让运行 Python 更容易。（如果想要升级 Python，你可能需要选择 Customize installation 来找到相关选项。）

macOS

macOS 默认不包含 Python 3。要安装 Python 3，请访问 Python 的官网并选择 Downloads。这将为你提供下载最新版本的 Python for macOS 的选项。选择链接以下载 Python，然后运行安装程序。

Linux

Linux 自带 Python 3，但它可能是 Python 3 的旧版本。安装说明会根据你使用的 Linux 发行版而不同，但你应该可以使用你最喜欢的软件包管理器来安装最新版本的 Python。

如何阅读本书

一口气把这本书从头到尾读完，你很可能学不到什么。这就好比试图通过以下方法学会弹钢琴：邀请某人到你家里弹几小时的钢琴，然后把他们赶出去，把灯调暗，直接开始弹奏小夜曲。这不是学习基于实践的技能的方式。

以下是我对学习本书的建议。

把你的工作分散开来。将练习集中在少量的环节中，远不如将练习间隔开有效。当你觉得累了，就休息一下。没有人可以告诉你在休息之前要工作多少时间。没有人可以告诉你应该用多长时间学完这本书。这取决于你自己的脑力和体力。

暂停以检验你的理解。阅读经常会给我们一种错觉——我们以为自己懂了，而实际没懂。应用这些内容会迫使我们将自己知道的信息与我们认为自己知道的信息保持一致。出于这个原因，在每一章的关键点上，我都提供了多项选择的“概念检查”问题，要求你进行预判。请认真对待这些问题！阅读每一个问题，在不使用计算机查阅任何东西的情况下，专心作答。然后，阅读我的答案和解释。这是确认你是否偏离道路的机会。如果你答错了，或者答对了但没有给出正确的理由，请在继续之前花时间修正你的理解，比如多研究一下正在讨论的相关 Python 特性，重读书中的内容，或者在网上搜索额外的解释和例子。

练习编程。在阅读时进行预判，有助于巩固你对关键概念的理解。但要成为一个熟练的问题解决者和程序员，你需要的不仅仅是这些。你需要练习使用 Python 来解决新的问题，而这些问题的解决方案是你在书中没有读到的。每一章都有一个练习列表。请尽可能多地完成这些练习。

学习编程需要时间。如果你进展缓慢或者犯了很多错误，不要灰心。不要被你在网上可能遇到的任何虚张声势的家伙所吓倒。在你周围要有能够帮助你学习的人和资源。

使用编程评测网站

我决定围绕来自编程评测网站的问题来组织内容。编程评测网站提供了一个编程题库，全世界的程序员都可以尝试解决这些问题。你提交解决方案（你的 Python 代码），然后网站对你的代码进行测试。如果你的代码对每个测试用例都能给出正确的答案，那么你的解决方案很可能是正确的。如果你的代码对一个或多个测试用例给出错误的答案，那么你的代码是不正确的，需要修改。

我认为编程评测网站是特别适合学习编程的网站，有几个原因。

快速反馈。在学习编程的早期阶段，快速、有针对性的反馈是至关重要的。编程评测网站几乎可以在你提交代码的同时提供反馈。

高质量的问题。我发现来自编程评测网站的问题都有较高质量。许多问题最初来自竞争性的编程比赛。其他问题是由编程评测网站的有关人员编写的，或者只是想帮助别人学习。关于我们要研究的每个问题的来源，请参见附录。

问题的数量。编程评测网站包含数百个问题。在本书中，我只选编了其中一小部分。如果你需要更多的练习，请相信我，编程评测网站可以提供。

社区属性。编程评测网站让用户能够阅读和回复帖子。如果你在一个问题上卡住了，可以浏览评论，看看别人在那里写下的提示。如果仍然被卡住，可以考虑自己发帖，寻求帮助。

成功地解决了一个问题后，你的学习还没有结束！许多编程评测网站允许你查看别人提交的代码。仔细研究一下这些代码，看看它们与你的代码相比如何。解决一个问题总是有多种方法。也许你现在的方法对你来说是最直观的，但请对其他可能存在的方法持开放心态。这是迈向编程专家的重要一步。

创建你的编程评测网站账号

我们将在整本书中使用几个编程评测网站。这是因为每个编程评测网站都会提供一些在其他编程评测网站那里找不到的问题，我们需要多个编程评测网站来提供我所选择的所有问题。

以下是我们将使用的编程评测网站：

- DMOJ；
- Timus；
- 美国计算机奥林匹克竞赛（USA Computing Olympiad，USACO）。

这些网站要求你在提交代码之前创建一个账号。现在让我们来看看创建账号的过程，并在此过程中了解一下这些网站的情况。

DMOJ

DMOJ 是本书最常使用的编程评测网站。比起其他编程评测网站，你更应该花时间去探索 DMOJ 网站，了解该网站提供的内容。

要在 DMOJ 上创建一个账号，请进入 DMOJ 网站，选择 Sign up，在注册页面上，输入用户名、密码和电子邮件地址。这个页面还允许你设置默认的编程语言。在本书中，我们将专门使用 Python 编程语言，所以我建议选择 Python 3。选择 Register!来创建你的账号。注册后，你可以用你的用户名和密码登录 DMOJ。

本书中的每个问题开始时都指出了可以找到该问题的编程评测网站，你可以使用问题代码来访问它。例如，我们在第 1 章要解决的第一个问题可以在 DMOJ 上找到，其问题代码为 dmopc15c7p2。要在 DMOJ 上找到这个问题，选择 Problems，在搜索框中输入 dmopc15c7p2，然后选择 Go。你应该看到这个问题是唯一的搜索结果。选择问题的标题，就会看到该问题本身。

当你准备针对一个问题提交 Python 代码时，请找到这个问题，然后选择 Submit solution。在出现的页面上，将 Python 代码粘贴到文本框中，然后选择 Submit!。网站将评测你的代码，并给出结果。

Timus

要在 Timus 上创建账号，请进入 Timus 网站，并选择 Register。在出现的注册页面上，输入用户名、密码、电子邮件地址和其他所需信息。选择 Register 来创建账号。然后检查你的电子邮件，看是否有来自 Timus 的包含你的评测网站 ID 的信息。当你提交 Python 代码时，会需要你的评测网站 ID。

目前没有办法在该网站设置默认编程语言，所以无论何时提交 Python 代码，一定要选择 Python 3 的可用版本。

我们只在第 6 章中使用了一次 Timus，所以我在这里就不多说了。

USACO

要在 USACO 上创建账号，请进入 USACO 网站，选择 Register for New Account。在出现的注册页面上，输入用户名、电子邮件地址和其他所需信息。选择 Submit 来创建账号。然后检查你的电子邮件，看看是否有来自 USACO 的信息，其中包含你的密码。一旦有了密码，你就可以使用用户名和密码来登录 USACO。

目前没有办法在该网站设置默认编程语言，所以无论何时提交 Python 代码，一定要选择 Python 3 的可用版本。你还需要上传包含 Python 代码的文件，而不是把代码粘贴到一个文本框中。

在第 7 章之前，我们不会使用 USACO，所以在这里我不再多说。

关于本书

本书中的每一章都是问题驱动的，它们来自专业的编程评测网站。事实上，在教授新的 Python 知识前，我喜欢先设置问题。这样做的目的是激励你去学习我们解决问题所需的 Python 特征。如果你在阅读了一个问题的描述后不确定如何解决，不要担心。（还不能解决这个问题，就说明你读对了书！）只要明白这个问题要求你做什么就足够了。我们将学习 Python 并一起解决问题。各章的后续问题可能会介绍更多的 Python 特性，或者要求我们拓展在第一个问题中学到的东西。章末设有练习，你应该自己解决这些问题，以将刚刚学到的东西投入实践。

下面是我们在每一章中要学习的内容概要。

第 1 章 启程。在使用 Python 解决任何问题之前，我们需要学习一些基础概念。在本章中，我们将学习这些概念，包括输入 Python 代码、处理字符串和数字、使用变量、在程序中输入和输出内容。

第 2 章 做判断。在本章中，我们将学习 if 语句，它允许程序根据特定的条件来决定要做什么。

第 3 章 重复代码：定循环。许多程序只要有工作要做，就会持续运行。在本章中，我们将学习 for 循环。它让程序逐一处理输入，直到工作完成。

第 4 章 重复代码：不定循环。有时，我们事先并不知道程序具体应该重复多少次某些指定的行为，for 循环并不适合这些问题。在本章中，我们将学习 while 循环，只要一个特定的条件为真，程序就会重复执行代码。

第 5 章 用列表来组织值。Python 列表允许我们用一个名字来指代整个数据序列。使用列表可以帮助我们组织数据，并利用 Python 提供的强大的列表操作（如排序和搜索）。在本章中，我们将学习关于列表的知识。

第 6 章 用函数来设计程序。对于一个有大量代码的大型程序，如果我们不好好组织它，它就会变得很笨重。在本章中，我们将学习函数，它可以帮助我们设计由小的、独立的代码块组成的程序。使用函数可以让程序更容易理解和修改。我们还将学习自顶向下的设计，这是一种用函数设计程序的方法。

第 7 章 读写文件。文件可以使向程序提供数据和从程序中获取数据变得很方便。在本章中，我们将学习如何从文件中读取数据、如何向文件中写入数据。

第 8 章 用集合和字典来组织值。随着要解决的挑战性问题越来越多，我们必须考虑如何存储数据。在本章中，我们将学习使用 Python 存储数据的两种新方法：使用集合和使用字典。

第 9 章 用完全搜索设计算法。程序员在解决每个问题时都不会从头开始，他们会考虑是否可以用一种一般的解决模式（一种算法）来解决这个问题。在这一章中，我们将学习用完全搜索设计算法，以解决各种各样的问题。

第 10 章 大 *O* 和程序效率。有时我们设法写出了一个程序，它能做正确的事情，但做得太慢，在实践中没有用。在本章中，我们将学习如何提高程序效率，并了解用来编写更高效代码的工具。

资源与支持

本书由异步社区出品，社区（www.epubit.com）为您提供相关资源和后续服务。

提交勘误

虽然作者和编辑尽最大努力来确保书中内容的准确性，但难免会存在疏漏。欢迎您将发现的问题反馈给我们，帮助我们提升图书的质量。

当您发现错误时，请登录异步社区，按书名搜索，进入本书页面，单击“提交勘误”，输入错误信息，单击“提交”按钮即可。本书的作者和编辑会对您提交的错误信息进行审核，确认并接受后，您将获赠异步社区的100积分。积分可用于在异步社区兑换优惠券、样书或奖品。

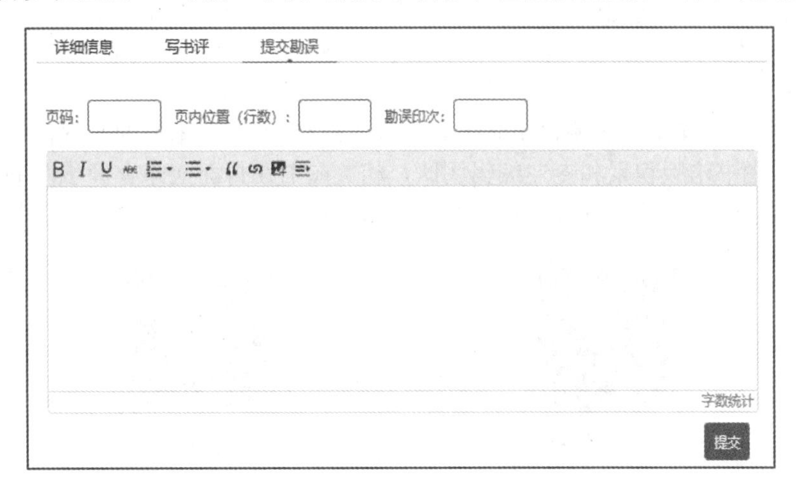

扫码关注本书

扫描下方二维码，您将会在异步社区微信服务号中看到本书信息及相关的服务提示。

与我们联系

我们的联系邮箱是 contact@epubit.com.cn。

如果您对本书有任何疑问或建议，请您发邮件给我们，并请在邮件标题中注明本书书名，以便我们更高效地做出反馈。

如果您有兴趣出版图书、录制教学视频，或者参与图书翻译、技术审校等工作，可以发邮件给我们；有意出版图书的作者也可以到异步社区投稿（直接访问 www.epubit.com/contribute 即可）。

如果您所在的学校、培训机构或企业，想批量购买本书或异步社区出版的其他图书，也可以发邮件给我们。

如果您在网上发现有针对异步社区出品图书的各种形式的盗版行为，包括对图书全部或部分内容的非授权传播，请您将怀疑有侵权行为的链接发邮件给我们。您的这一举动是对作者权益的保护，也是我们持续为您提供有价值内容的动力之源。

关于异步社区和异步图书

“异步社区”是人民邮电出版社旗下 IT 专业图书社区，致力于出版精品 IT 图书和相关学习产品，为作译者提供优质出版服务。异步社区创办于 2015 年 8 月，提供大量精品 IT 图书和电子书，以及高品质技术文章和视频课程。更多详情请访问异步社区官网。

“异步图书”是由异步社区编辑团队策划出版的精品 IT 专业图书的品牌，依托于人民邮电出版社的计算机图书出版积累和专业编辑团队，相关图书在封面上印有异步图书的标志。异步图书的出版领域包括软件开发、大数据、AI、测试、前端、网络技术等。

异步社区

微信服务号

目　　录

第 1 章

启程

编程就是编写代码来解决问题。因此，我想从一开始就和你一起解决问题。也就是说，我们不是先逐一学习 Python 概念再来解决问题，而是用问题来决定我们需要学习的概念。

在本章中，我们将解决两个问题：确定一行文字中的单词数（就像字处理软件中的单词数统计功能），以及计算一个圆锥体的体积。解决这些问题需要了解若干 Python 概念。你可能觉得，需要更多的细节才能完全理解这里介绍的一些内容，以及它们在 Python 程序中是如何配合的。不必担心，我们将在后面的章节中重新探讨和阐述重要的概念。

1.1 我们要做的事情

正如引言所述，我们将使用 Python 编程语言解决编程竞赛中的问题。编程评测网站可以提供这些问题。我假定你已经按照引言中的说明安装了 Python，并建立了你的编程评测网站账号。

对于每个问题，我们会写一个程序来解决它。每个问题都指定了要提供给该程序的输入类型，以及预期的输出（即结果）类型。如果我们的程序能够接受任意有效的输入并产生正确的输出，那么它就正确地解决了这个问题。

一般来说，输入会有数百万或数十亿种可能。每个这样的输入都被称为一个问题实例。例如，在我们要解决的第一个问题中，输入是一行文本（如“hello there”或“baabbb aa abab”），而我们的任务是输出该行文本的单词数。编程中强大的想法之一就是：通过少量的通用代码解决看似无尽的问题实例。

无论这一行有 2 个词、3 个词还是 50 个词，都不重要。我们的程序每次都能解决这个问题。

我们的程序将执行如下 3 项任务。

输入：我们需要确定待解决问题的具体实例，所以先读取用户提供的输入。

处理：对输入进行处理，以确定正确的输出。

输出：在解决了问题之后，产生期望的输出。

这些步骤之间的界限可能并不总是那么清晰（例如，我们可能需要让一些处理过程和一些输出的产生交错发生），但将这 3 个一般步骤牢记在心是有帮助的。

你可能每天都在使用遵循这种“输入—处理—输出”模式的程序。考虑一个计算器程序：你输入一个算式（输入），程序进行计算（处理），然后显示答案（输出）。或者考虑一个网络搜索引擎：你输入一个关键词（输入），搜索引擎确定最相关的结果（处理），并显示它们（输出）。

将这些类型的程序与交互式程序进行对比就会发现，交互式程序融合了输入、处理和输出。例如，我正在使用文本编辑器录入这本书。当我输入一个字符时，编辑器会做出反应，将该字符添加到我的文档中。它并不会等我打完整个文档后才显示给我，而是在我建立文档时就交互式地显示出来。我们不会在本书中编写交互式程序。如果你在学习本书后对编写这样的程序感兴趣，那么你会很高兴地发现，Python 能胜任这项任务。

每个问题都可以在评测网站中找到。但是，题干的文字描述不会完全一样，因为我为了全书的一致性而重写了题干。不必担心，我所写的内容传达的信息与官方的问题陈述是相同的。

1.2 Python Shell

对于书中的每个问题，我们都希望写一个程序，并将它保存在一个文件中，但前提是我们知道要写什么程序！对于书中的许多问题，我们首先需要学习一些新的 Python 特性，然后才能解决问题。

若想验证 Python 特性，可以使用 Python Shell。这是一个交互式环境，你输入一些 Python 代码并按下回车键，Python 会向你显示结果。一旦学到了足够的知识来解决当前的问题，我们就不再使用 Python Shell，而是在文本文件中输入我们的解决方案。

首先，在你的桌面上创建一个名为 programming 的新文件夹。我们用这个文件夹来保存我们为本书所做的所有工作。

现在，我们导航到这个 programming 文件夹，并启动 Python Shell。在你想启动 Python Shell 时，根据你的操作系统，按如下步骤进行。

1.2.1 Windows

在 Windows 上，执行以下操作。

1. 按住 Shift 键，右击 programming 文件夹。

2. 在出现的菜单中，选择“在 Power Shell 中打开”。如果没有这个选择，选择“在终端中打开”。

3. 在结果窗口的底部，你会看到一行以“>”结尾的文字。这是操作系统提示符，它正在等待你输入一个命令。你在这里输入操作系统的命令，而不是 Python 代码。一定要在每个命令后按下回车键。

4. 现在你在 programming 文件夹中。如果你想看看那里有什么，可以输入 dir（代表 directory，即目录）。你应该看不到任何文件，因为我们还没有创建任何文件。

5. 现在，输入 python 来启动 Python Shell。

当你启动 Python Shell 时，应该看到类似如下的信息：

```
Python 3.9.2 (tags/v3.9.2:1a79785, Feb 19 2021, 13:30:23)
[MSC v.1928 32 bit (Intel)] on win32
Type "help", "copyright", "credits" or "license" for more information.
>>>
```

这里有一点很重要：第一行的 Python 版本至少要是 3.6。如果你的版本较老，特别是以 2 开始，或者 Python 根本不能加载，你就需要按照引言中的说明，安装一个最新的 Python 版本。

在这个窗口的底部，你会看到 Python 提示符“>>>”。这是你输入 Python 代码的地方。不要自己输入“>>>”符号。一旦完成了编程，你可以按 Ctrl+Z 组合键，然后按回车键退出。

1.2.2 macOS

在 macOS 上，执行以下操作。

1．打开终端。你可以按 Command+空格组合键，输入 terminal，然后选择搜索结果。

2．在出现的窗口中，你会看到一行以“$”结尾的文字。这是操作系统提示符，它在等待你输入一个命令。你在这里输入操作系统的命令，而不是 Python 代码。一定要在每个命令后按下回车键。

3．你可以输入 ls 命令来获得当前文件夹中的内容列表。在那里应该列出你的 Desktop 文件夹。

4．输入 cd Desktop，导航到 Desktop 文件夹。cd 命令代表改变目录（change directory），目录是文件夹的另一个名称。

5．输入 cd programming，导航到 programming 文件夹。

6．现在，输入 python3 来启动 Python Shell。（你也可以尝试输入 python，不加 3，但这可能会启动旧版本的 Python 2。Python 2 不适合完成本书的工作。）

当你启动 Python Shell 时，应该看到类似如下的信息：

```
Python 3.9.2 (default, Mar 15 2021, 17:23:44)
[Clang 11.0.0 (clang-1100.0.33.17)] on darwin
Type "help", "copyright", "credits" or "license" for more information.
>>>
```

这里有一点很重要：第一行的 Python 版本至少要是 3.6。如果你的版本较老，特别是以 2 开始，或者如果 Python 根本不能加载，你就需要按照引言中的说明，安装一个最新的 Python 版本。

在这个窗口的底部，你会看到一个 Python 提示符“>>>”。这是你输入 Python 代码的地方。不要自己输入“>>>”符号。一旦完成了编程，你可以按 Ctrl+D 组合键退出。

1.2.3 Linux

在 Linux 上，执行以下操作。

1．右击你的 programming 文件夹。

2．在出现的菜单中，选择 Open in Terminal。你也可以打开终端，并导航到你的 programming 文件夹（如果你更习惯这样操作）。

3．在出现的窗口的底部，你会看到一行以“$”结尾的文字。这是操作系统提示符，它在等待你输入一个命令。你在这里输入操作系统的命令，而不是 Python 代码。一定要在每个命令后按下回车键。

4. 你现在在 programming 文件夹中。如果你想看看那里有什么，你可以输入 ls。你应该看不到任何文件，因为我们还没有创建任何文件。

5. 现在，输入 python3 来启动 Python Shell。（你也可以尝试输入 python，但不要输入 3，但这可能会启动一个旧版本的 Python 2。Python 2 不适合用于完成本书的工作。）

当你启动 Python Shell 时，应该看到类似如下的信息：

```
Python 3.9.2 (default, Feb 20 2021, 20:57:50)
[GCC 7.5.0] on linux
Type "help", "copyright", "credits" or "license" for more information.
>>>
```

这里有一点很重要：第一行的 Python 版本至少要是 3.6。如果你的版本较老，特别是以 2 开始，或者如果 Python 根本不能加载，你就需要按照引言中的说明，安装一个最新的 Python 版本。

在这个窗口的底部，你会看到一个 Python 提示符“>>>”。这是你输入 Python 代码的地方。不要自己输入“>>>”符号。一旦完成了编程，你可以按 Ctrl+D 组合键退出。

1.3 问题 1：单词计数

现在是时候解决我们的第一个问题了！我们要用 Python 编写一个小的单词计数程序。我们将学习如何读取用户的输入，处理输入以解决问题，并输出结果。我们还将学习如何在程序中处理文本和数字，利用 Python 的内置操作，并在解决问题的过程中保存中间结果。

这是 DMOJ 上代码为 dmopc15c7p2 的问题。

挑战

统计所提供文本的单词数量。对于这个问题，一个单词是指任意小写字母的序列。例如，hello 是一个单词，但英文中没有含义的“单词”也计为一个单词，如 baabbb。

输入

一行文本，由小写字母和空格组成。每两个词之间正好有一个空格，而且在第一个词之前和最后一个词之后没有空格。

该行的最大长度为 80 个字符。

输出

输入行文本所含的单词数。

1.3.1 字符串

值是 Python 程序的一个基本构件。每个值都有一个类型。类型决定了可以对值进行的操作。在“单词计数”问题中，我们要处理一行文本。在 Python 中，文本保存为一个字符串值，所以我们需要学习字符串的相关知识。为了解决这个问题，我们要输出文本中的单词数，所以我们也需要学习数值的相关知识。让我们从字符串开始。

表示字符串

字符串是用于保存和操作文本的 Python 类型。要写出一个字符串值，我们将它的字符放在单引号之间。请在 Python Shell 中继续学习：

```
>>> 'hello'
'hello'
>>> 'a bunch of words'
'a bunch of words'
```

Python Shell 会回显我们输入的每个字符串。

如果字符串中有一个单引号作为它的一个字符，会发生什么？

```
>>> 'don't say that'
  File "<stdin>", line 1
    'don't say that'
         ^
SyntaxError: invalid syntax
```

`don't` 中的单引号终止了这个字符串。这一行的其余部分（`t say that`）因此没有意义，这就是产生语法错误的原因。语法错误意味着我们违反了 Python 的规则，没有写出有效的 Python 代码。

为了解决这个问题，我们可以利用一个特性——双引号也可以用来给字符串定界：

```
>>> "don't say that"
"don't say that"
```

除非有关的字符串中含有单引号，否则我在本书中不会使用双引号表示字符串。

字符串操作符

我们可以用一个字符串来保存我们想要计数的文本。为了对单词计数，或者对字符串做任何其他事情，我们需要学习如何处理字符串。

有各种各样的字符串操作供我们执行。其中一些操作在其操作数之间使用特殊符号。例如，+操作符用于字符串连接：

```
>>> 'hello' + 'there'
'hellothere'
```

hello 和 there 这两个词之间需要一个空格。让我们在第一个字符串的末尾添加一个空格：

```
>>> 'hello ' + 'there'
'hello there'
```

又如，*操作符可将一个字符串按指定的次数重复：

```
>>> '-' * 30
'------------------------------'
```

30 是一个整数值。关于整数，我们很快会对其进行进一步探讨。

概念检查

以下代码的输出是什么？

```
>>> '' * 3
```

A. ''''''

B. ''

C. 这段代码产生一个语法错误（是无效的 Python 代码）

答案：B。''是空字符串，即不含字符的字符串。一个空字符串重复 3 次仍然是一个空字符串。

字符串方法

方法是专门针对某一类型值的操作。字符串有大量的方法（method）。例如，有一个名为 upper 的方法，可以产生字符串的大写版本：

```
>>> 'hello'.upper()
'HELLO'
```

我们从一个方法中得到的信息称为该方法的返回值。例如，对于前面的例子，我们可以说 upper 返回字符串 'HELLO'。

在一个值上执行一个方法称为调用该方法。调用一个方法需要在值和方法名之间放置圆点操作符“.”，并在方法名后面加上括号。对于某些方法，我们让这些括号中的内容保持为空，例如在调用 upper 时。

对于其他方法，我们可以选择性地在括号中加入信息。还有一些方法要求必须加入信息，没有这些信息就根本无法工作。我们在调用一个方法时包含的信息被称为该方法的实参（argument）。

例如，字符串有一个 strip 方法。如果调用时没有实参，则 strip 将删除字符串中所有的前导和尾部空格：

```
>>> '    abc'.strip()
'abc'
>>> '    abc        '.strip()
'abc'
>>> 'abc'.strip()
'abc'
```

我们也可以将一个字符串作为实参来调用这个方法。如果我们这样做，字符串实参就决定了哪些字符会从开头和结尾被剥离：

```
>>> 'abc'.strip('a')
'bc'
>>> 'abca'.strip('a')
'bc'
>>> 'abca'.strip('ac')
'b'
```

再来谈谈另一个字符串方法：count。我们传递给它一个字符串实参，它告诉我们在字符串中发现了该实参多少次：

```
>>> 'abc'.count('a')
1
>>> 'abc'.count('q')
0
>>> 'aaabcaa'.count('a')
5
>>> 'aaabcaa'.count('ab')
1
```

如果该实参的出现位置有重叠，则只统计第一个：

```
>>> 'ababa'.count('aba')
1
```

与其他方法不同，count 对“单词计数”问题有直接作用。

考虑一个字符串，如'this is a string with a few words'。请注意，单词之间各有一个空格。事实上，如果你不得不手工来计算单词的数量，可能利用空格来识别每个单词的结束位置。如果我们计算一个字符串中的空格数，会怎么样？为了做到这一点，可以向 count 传入一个由单个空格字符组成的字符串，像这样：

```
>>> 'this is a string with a few words'.count(' ')
7
```

我们得到的数值是 7。这并不完全等于单词数（字符串中有 8 个单词），但很接近了。为什么我们得到的是 7 而不是 8？原因是最后一个单词后面没有空格。因此，统计单词后的空格数意味着忘记统计最后一个单词。为了弥补这一缺陷，我们需要学习如何处理数字。

1.3.2 整数和浮点数

表达式是由数值和操作符组成的。我们会看到如何表示数值，并用操作符将它们结合起来。

有两种不同的 Python 类型可以表示数字：整数（没有小数部分）和浮点数（有小数部分）。

我们将整数值写成没有小数点的数字。下面是一些例子：

```
>>> 30
30
>>> 7
7
>>> 1000000
1000000
>>> -9
-9
```

值本身就是一种简单的表达式。

我们熟悉的数学操作符适用于整数：用+表示加法，用-表示减法，用*表示乘法。我们可以用这些操作符来编写更复杂的表达式：

```
>>> 8 + 10
18
>>> 8 - 10
-2
>>> 8 * 10
80
```

注意操作符周围的空格。虽然就 Python 而言，8+10（无空格）和 8 + 10（+两侧各有一个空格）是一样的，但后者让表达式更容易阅读。

Python 有两个表示除法的操作符。//操作符执行整数除法，它摒弃任何余数，并将结果向下取整：

```
>>> 8 // 2
4
>>> 9 // 5
1
>>> -9 // 5
-2
```

如果你想得到除法的余数，可以使用模操作符%。例如，8 除以 2 的余数为 0：

```
>>> 8 % 2
0
```

8 除以 3，余数为 2：

```
>>> 8 % 3
2
```

与//相比，/操作符不做任何舍入：

```
>>> 8 / 2
4.0
>>> 9 / 5
1.8
>>> -9 / 5
-1.8
```

这些结果值不是整数。它们带有小数点，且属于另一种 Python 类型——浮点数（float）。写出带有小数点的数时，它就是一个浮点数：

```
>>> 12.5 * 2
25.0
```

我们现在先关注整数，在解决“圆锥体积”问题时再回来探讨浮点数。

如果我们在一个表达式中使用多个操作符，则 Python 使用优先级规则来决定操作符的应用顺序。每个操作符都有一个优先级。就像我们在纸上求一个数学表达式的值一样，Python 在加法和减法（优先级较低）之前执行乘法和除法（优先级较高）：

```
>>> 50 + 10 * 2
70
```

同样，像在纸上一样，括号内的操作具有最高的优先权。可以用它来强迫 Python 按我们所期望的顺序操作：

```
>>> (50 + 10) * 2
120
```

程序员经常添加括号，即使在技术上不需要。这是因为Python有许多操作符，记清它们的优先级并不容易，也不是程序员通常会做的事。

整数值和浮点数是否像字符串一样有方法？确实有！但这些方法并不是那么有用。例如，有一个方法可以告诉我们一个整数占用了多少计算机的内存。整数越大，它需要的内存就越多：

```
>>> (5).bit_length()
3
>>> (100).bit_length()
7
>>> (99999).bit_length()
17
```

整数两边需要加上小括号。否则，圆点操作符会与小数点混淆，我们就会遇到语法错误。

变量

我们现在知道了如何写出字符串和数值。我们也会发现，能够保存这些数值是很有价值的，这样以后就可以访问它们。在单词计数时，如果能够在某处保存这一行单词，然后计算单词数，那就很方便了。变量是指一个值的名称。每当我们使用一个变量的名字，它就会被该变量所指的内容所取代。

赋值语句

为了让一个变量指代一个值，我们使用赋值语句。赋值语句由变量、等号“=”和表达式组成。Python对表达式求值，并让变量指代结果。下面是一个赋值语句的例子：

```
>>> dollars = 250
```

现在，每当我们使用`dollars`时，都会用250来代替它：

```
>>> dollars
250
>>> dollars + 10
260
>>> dollars
250
```

一个变量在同一时间只指代一个值。一旦我们用赋值语句让一个变量指代另一个值，它就不再指代之前的值：

```
>>> dollars = 250
>>> dollars
250
>>> dollars = 300
>>> dollars
300
```

我们可以有任意多的变量。大型程序通常使用数百个变量。下面这个例子使用了两个变量：

```
>>> purchase_price1 = 58
>>> purchase_price2 = 9
>>> purchase_price1 + purchase_price2
67
```

请注意，我选择的变量名称在一定程度上说明了它们所保存的内容。例如，这两个变量与两次购物的价格有关。使用变量名 p1 和 p2 会更容易输入，但几天后我们可能就会忘记这些名字的含义了！

我们也可以让变量指代字符串：

```
>>> start = 'Monday'
>>> end = 'Friday'
>>> start
'Monday'
>>> end
'Friday'
```

与指代数字的变量一样，我们可以在表达式中使用这些变量：

```
>>> start + '-' + end
'Monday-Friday'
```

Python 的变量名应该以小写字母开始，可以包含小写字母、分隔单词的下线、数字。

改变变量的值

假设我们有一个变量 dollars，它指代的是值 250：

```
>>> dollars = 250
```

现在我们想增加这个值，使 dollars 指代 251。下面的方法是不行的：

```
>>> dollars + 1
251
```

结果是 251，但这个值已经消失了，没有保存在任何地方：

```
>>> dollars
250
```

我们需要一个赋值语句来记录 dollars + 1 的结果：

```
>>> dollars = dollars + 1
>>> dollars
251
>>> dollars = dollars + 1
>>> dollars
252
```

初学者通常会认为赋值符号“=”表示相等。但请不要这样认为。赋值语句是一个命令，使一个变量指代一个表达式的值，而不是声称两个实体是相等的。

概念检查

执行下面的代码后，y 的值是多少？

```
>>> x = 37
>>> y = x + 2
>>> x = 20
```

A. 39

B. 22

C. 35

D. 20

E. 18

答案：A。对 y 来说，只进行过一次赋值，使 y 指代值 39。x=20 的赋值语句将 x 指代的值从 37 改为 20，但这对 y 所指代的值没有影响。

1.3.3　使用变量来计数单词

让我们总结一下在解决“单词计数”问题上的进展。

- 我们知道了字符串，可以用一个字符串来保存这一行单词。
- 我们知道了字符串的 count 方法，可以用它来计算这行单词的空格数。这让我们的输出值比所需的输出值少 1。
- 我们知道了整数，可以用它的+操作符来给一个数字加 1。
- 我们知道了变量和赋值语句，它们可以帮助我们保存数值，这样数值就不会丢失。

综上所述，我们可以让一个变量指代一个字符串，然后计算单词数：

```
>>> line = 'this is a string with a few words'
>>> total_words = line.count(' ') + 1
>>> total_words
8
```

line 和 total_words 变量在这里不是必需的，下面是不使用它们来实现的代码：

```
>>> 'this is a string with a few words'.count(' ') + 1
8
```

但是，使用变量来记录中间结果是保持代码可读性的一个好做法。对于更长的程序，变量几乎是不可或缺的。

1.3.4　读输入

我们写的代码有一个问题：它只对输入的特定字符串起作用。它告诉我们'this is a string with a few words'中有 8 个单词，但这就是它的全部功能。如果我们想知道另一个字符串中有多少个单词，就必须用一个新字符串替换当前字符串。不过，为了解决“单词计数”问题，我们需要程序能够处理作为输入的任意字符串。

为了读取一行输入，我们使用 input 函数。函数（function）类似于方法：我们调用它（也许带有一些实参），它向我们返回一个值。方法和函数的一个区别是，函数不使用点操作符。所有信息都是通过实参传递给函数的。

下面是一个调用 input 函数并键入一些输入的例子。本例中，输入了 testing 这个词：

```
>>> input()
testing
'testing'
```

当你输入 input() 并按下回车键时，不会得到“>>>”提示符。作为替代，Python 等待你在键盘上输入一些内容并按下回车键。然后 input 函数返回输入的字符串。像往常一样，如果不把这个字符串保存在任何地方，它就会丢失。我们用一个赋值语句来保存输入的内容：

```
>>> result = input()
testing
>>> result
'testing'
>>> result.upper()
'TESTING'
```

注意最后一行，我对输入的值使用了 upper 方法。这是允许的，因为 input 返回一个字符串，而 upper 是一个字符串方法。

1.3.5　写输出

你已经看到，在 Python Shell 中输入表达式会使它们的值显示出来：

```
>>> 'abc'
'abc'
>>> 'abc'.upper()
'ABC'
>>> 45 + 9
54
```

这只是 Python Shell 的特性。它假定，如果你输入了一个表达式，那么你可能想看到它的值。但是如果在 Python Shell 之外运行一个 Python 程序，这个特性就没有了。作为替代，每当我们想输出一些东西时，必须明确地使用 print 函数。print 函数在 Python Shell 中也可以工作：

```
>>> print('abc')
abc
>>> print('abc'.upper())
ABC
>>> print(45 + 9)
54
```

请注意，由 print 输出的字符串周围没有引号。这很好——毕竟，我们在与程序的用户交流时可能不希望每条消息都包括引号。

print 有一个很好用的特点：你可以提供很多实参，它们都会以空格分隔输出。

```
>>> print('abc', 45 + 9)
abc 54
```

1.3.6 解决问题：一个完整的 Python 程序

我们现在准备编写一个完整的 Python 程序，从而解决“单词计数”问题。

我们先退出 Python Shell，回到操作系统的命令提示符下。

启动文本编辑器

我们将使用一个文本编辑器来编写代码。根据你的操作系统，按如下步骤进行。

Windows

在 Windows 上，我们将使用记事本（一个简单的文本编辑器）。如果你还没有在 programming 文件夹中，请导航到该文件夹。在操作系统的命令提示符下输入 `notepad word_count.py` 并按下回车键。由于 word_count.py 文件不存在，记事本会问你是否要创建一个新的 word_count.py 文件。选择“是”，就可以输入 Python 程序了。

macOS

在 macOS 上，你可以使用你喜欢的任何文本编辑器。此处以 TextEdit 编辑器为例。如果你还没有在 programming 文件夹中，请导航到该文件夹。在操作系统的命令提示符下输入以下两个命令，在每个命令之后按回车键：

```
$ touch word_count.py
$ open -a TextEdit word_count.py
```

`touch` 命令创建了一个空文件，以便文本编辑器可以打开它。现在你已经准备好输入 Python 程序了。

Linux

在 Linux 上，你可以用你喜欢的任何文本编辑器。此处以 gedit 编辑器为例。如果你还没有在 programming 文件夹中，请导航到该文件夹。在操作系统的命令提示符下输入 gedit word_count.py 并按下回车键。现在你已经准备好输入 Python 程序了。

程序

加载了文本编辑器之后，你可以输入 Python 程序的代码。代码在清单 1-1 中。

清单 1-1：解决“单词计数”问题

```
❶ line = input()
❷ total_words = line.count(' ') + 1
❸ print(total_words)
```

输入这段代码时，不要输入“❶❷❸”这些数字。带圆圈的数字是用来帮助你在本书中查看代码的，不是代码本身的一部分。

我们开始通过输入获取文本行，并将它赋值给一个变量❶。这样我们就有了一个字符串，可以对它使用 `count` 方法。我们在对空格的计数上加 1，从而考虑到字符串中的最后一个单词，我们用变量 `total_words` 来指代结果❷。最后要做的是输出 `total_words` 所指代的值❸。

输入代码后，一定要保存该文件。

运行程序

为了运行这个程序，我们会在操作系统的命令提示符下使用 `python` 命令。如你所见，输入 `python` 会运行 Python Shell，但这次我们不希望这样。作为替代，我们要告诉 Python 运行 word_count.py 中的程序。为了做到这一点，导航到你的 programming 文件夹，并输入 `python word_count.py`。

程序现在正在输入提示符下等待你输入一些东西。输入几个单词，按回车键，你应该看到程序在正常工作。例如，输入：

```
this is my first python program
```

你应该看到程序的输出是 6。

如果你看到一个 Python 错误，请回头查看一下代码，确保你准确地输入了代码。Python 要求精确。即使缺少一个小括号或单引号也会导致错误。

如果你花了一些时间才使这个程序运行，不要感到沮丧。让第一个程序运行可能需要大量的工作。我们必须能够将一个程序输入文件，调用 Python 来运行这个程序，并修复不正确的程序导致的任何错误。运行程序的过程是不会改变的，不管程序有多复杂。你在这里花费的时间，对学习本书的其余部分是非常值得的。

提交给评测网站

祝贺你！我希望在你的计算机上运行的第一个 Python 程序令你满意。但是我们的程序正确吗？它对所有可能的字符串都有效吗？如果你愿意，可以在更多的字符串上测试它。但是，让我们对代码的正确性更有信心的方法是将它提交给在线评测网站。评测网站会自动对我们的代码进行一系列的测试，并告诉我们是否通过了测试、是否有问题。

请访问 DMOJ 网站并登录（如果你没有 DMOJ 账号，请按照引言中的说明创建一个账号）。选择 Problems，并搜索“单词计数”问题的代码 dmopc15c7p2。选择搜索结果，加载该问题——它被称为“Not a Wall of Text”，而不是“单词计数”。

然后你应该看到问题作者所写的问题文本。选择 Submit Solution，并将我们的代码粘贴到文本区域。一定要选择 Python 3 作为编程语言。最后，选择 Submit 按钮。

DMOJ 对我们的代码进行测试并显示结果。对于每个测试用例，你会看到一个状态代码。“AC”代表接受（即 accepted），这是你对每个测试用例都想看到的结果。其他代码包括“WA”（错误答案，即 wrong answer）和“TLE”（超过时限，即 time limit exceeded）等。如果你看到这些代码，请仔细检查你粘贴的代码，确保它与你的文本编辑器中的代码完全一致。

假设所有测试用例都被接受，会看到得分是 100/100。我们因这项工作而获得 3 个积分。

对于每一个问题，我们都将遵循“单词计数”问题的解决思路。首先，根据需要学习的 Python 功能，在 Python Shell 上进行探索。然后，写一个程序来解决这个问题，使用自己设计的测试用例在自己的计算机上测试。最后，将代码提交给评测网站。如果有任何测试用例失败，我们会再次查看代码并修复问题。

1.4　问题 2：圆锥体积

在“单词计数”问题中，我们需要从输入中读取一个字符串。在这个问题中，我们需要从输入中读取整数。这样做需要一个额外的步骤：从一个字符串中产生一个整数。我们还将学习更多在 Python 中进行数学运算的知识。

这是 DMOJ 上代码为 dmopc14c5p1 的问题。

挑战

计算一个圆锥的体积。

输入

输入由两行文本组成。第一行包含整数 r，即圆锥体的半径。第二行包含整数 h，即圆锥体的高。r 和 h 的取值范围均为 1～100（也就是说，r 和 h 的最小值是 1，最大值是 100）。

输出

半径为 r、高为 h 的右旋圆锥体的体积，计算体积的公式为$(\pi r^2 h)/3$。

1.4.1　Python 中的更多数学

假设我们有 r 和 h 两个变量，分别指代半径和高：

```
>>> r = 4
>>> h = 6
```

现在我们要求值$(\pi r^2 h)/3$。代入半径为 4，高为 6，则有$(\pi\times 4^2\times 6)/3$。如果 π 取 3.14159，计算器给出的结果为 100.531。如何在 Python 中做到这一点呢？

访问π

为了访问 π 的值，我们将使用一个合适的变量。下面是一个对 PI 的赋值语句，它的值非常接近π的精确值：

```
PI = 3.141592653589793
```

与其说这是一个变量，不如说它是一个常量，因为在我们的代码中，永远不会想改变 PI 的值。按照 Python 的惯例，对这样的变量使用大写字母，正如我在这里所做的。

指数

回顾公式$(\pi r^2 h)/3$，我们唯一还没有谈到的是如何计算 r^2 部分。r^2 可以由 `r*r` 计算：

```
>>> r
4
>>> r * r
16
```

但直接使用指数会更清晰。我们总是希望写的代码尽可能清晰。此外，有一天你可能不得不计算更大的指数，在这种情况下，重复乘法会变得越来越不方便。Python 的指数操作符是`**`：

```
>>> r ** 2
16
```

下面是完整的公式：

```
>>> (PI * r ** 2 * h) / 3
100.53096491487338
```

很好，这已经接近我们预期的结果（100.531）了！

请注意，我们在这里产生的是一个浮点数。正如我们在 1.3.2 小节所讨论的，除法操作符“/”会产生一个浮点数的结果。

1.4.2　字符串和整数之间的转换

我们最终必须读取半径和高作为输入，然后用这些值来计算体积。让我们试一试吧：

```
>>> r = input()
4
>>> h = input()
6
```

input 函数总是返回一个字符串，即使用户输入一个整数：

```
>>> r
'4'
>>> h
'6'
```

单引号表明这些值是字符串。字符串不能用来进行数学计算。如果尝试像下面这样计算字符串，会得到一个错误：

```
>>> (PI * r ** 2 * h) / 3
Traceback (most recent call last):
  File "<stdin>", line 1, in <module>
TypeError: unsupported operand type(s) for ** or pow(): 'str' and 'int'
```

如果使用错误类型的值，则程序运行时会得到 TypeError。Python 反对我们在 r 所指代的字符串和整数 2 上使用**操作符。**操作符是纯粹的数学运算，与字符串一起使用时没有任何意义。

为了将字符串转换为整数，我们可以使用 Python 的 int 函数：

```
>>> r
'4'
>>> h
'6'
>>> r = int(r)
>>> h = int(h)
>>> r
4
>>> h
6
```

现在可以再次在公式中使用这些值：

```
>>> (PI * r ** 2 * h) / 3
100.53096491487338
```

对于以字符串形式表示的整数，可以用 int 函数将它转换成一个类型为整数的值。该函数可以处理字符串开头和结尾的空格，但不能处理非数字字符：

```
>>> int('  12   ')
12
>>> int('12x')
Traceback (most recent call last):
  File "<stdin>", line 1, in <module>
ValueError: invalid literal for int() with base 10: '12x'
```

在将 input 返回的字符串转换为整数时，我们可以分两步走。首先将 input 的返回值赋给一个变量，然后将该值转换为整数：

```
>>> num = input()
82
>>> num = int(num)
>>> num
82
```

或者我们可以把 input 和 int 的调用结合起来：

```
>>> num = int(input())
82
>>> num
82
```

这里，传递给 int 的实参是 input 返回的字符串。int 函数接收这个字符串并将它返回为一个整数。

如果需要反过来转换，即将一个整数转换为一个字符串，我们可以用 str 函数来实现：

```
>>> num = 82
>>> 'my number is ' + num
Traceback (most recent call last):
  File "<stdin>", line 1, in <module>
TypeError: can only concatenate str (not "int") to str
>>> str(num)
'82'
>>> 'my number is ' + str(num)
'my number is 82'
```

我们不能把一个字符串和一个整数连接起来。str 函数将 82 转换为'82'，这样就可以在字符串连接中使用它。

1.4.3 解决问题

现在，我们准备好解决圆锥体积问题了。创建一个名为 cone_volume.py 的新文本文件，并输入清单 1-2 中的代码。

清单 1-2：解决“圆锥体积”问题

```
❶ PI = 3.141592653589793

❷ radius = int(input())
❸ height = int(input())

❹ volume = (PI * radius ** 2 * height) / 3
```

```
❺ print(volume)
```

这里包含了一些空行，将代码按逻辑分开。Python 会忽略这些空行，但是这样的空行让我们更容易阅读代码。

注意，我使用了描述性的变量名：radius（而不是 r）、height（而不是 h），以及 volume。在数学公式中，单字母的变量名是常态，但在编写代码时，我们可以使用包含更多信息的变量名。

我们首先用一个名为 PI 的变量指代 π 的近似值❶。从输入中读取半径❷和高❸并将两者从字符串转换为整数，然后利用正圆锥体的体积公式来计算体积❹，最后输出体积❺。

保存 cone_volume.py 文件。

输入 python cone_volume.py 运行程序，然后输入半径值和高度值。可以用计算器来验证程序是否产生了正确的输出。

如果输入的半径或高是垃圾数据，会发生什么？例如，运行程序并输入：

```
xyz
```

你应该看到一个错误：

```
Traceback (most recent call last):
  File "cone_volume.py", line 3, in <module>
    radius = int(input())
ValueError: invalid literal for int() with base 10: 'xyz'
```

它对用户一点都不友好，这是肯定的。但对于学习编程来说，我们不会担心这个问题。根据问题的输入规格说明，评测网站的所有测试用例都是有效的，所以我们永远不必担心如何处理无效的输入。

说到评测网站，DMOJ 欠我们 3 个积分，因为我们已经为这个问题编写了正确代码。来吧，提交你的作品吧！

1.5　小结

我们已经出发！我们刚刚通过编写 Python 代码解决了最初的两个问题。我们学习了编程的基础知识，包括值、类型、字符串、整数、方法、变量、赋值语句，以及输入输出。

一旦你熟悉了这些内容（也许是通过下面的一些练习），就可以进入第 2 章。在那里，我们将学习程序如何做判断。我们将不再编写那些从上到下一成不变地运行的程序。程序将更加灵活，针对需要解决的具体问题实例做需要的事情。

1.6　练习

每一章最后都有一些练习供你尝试。我鼓励你尽可能多地完成练习。

有些练习可能会花费你很长时间。你可能会因为反复出现的错误而感到沮丧。像任何值得学习的技能一样，这需要专心练习。在开始做一个练习时，我建议你手动求解几个例子。这样你就知道问题的要求是什么、程序应该做什么，否则，你可能会在没有计划的情况下写代码。既组织思路又写程序是很困难的。

如果你的代码不工作，就问自己：准确地说，你想要的行为是什么？哪几行代码可能是导致你出错的罪魁祸首？是否有其他更简单的方法可以尝试？

我在本书的网站上提供了练习的解决方案。但是，在你真正尝试完成练习之前，不要偷看那些解决方案。选择两三个练习。如果你看了一个解决方案，了解了别人如何解决这个问题，那就休息一下，然后自己试着从头开始解决这个问题。解决问题的方法往往不止一种。如果你的解决方案做了正确的事情，但与我的不同，这并不意味着你的或我的解决方案是错误的。相反，这是一个机会，将你的代码和我的代码进行比较，也许你在这个过程中可以学到其他技术。

1. DMOJ 上代码为 wc16c1j1 的问题：A Spooky Season。
2. DMOJ 上代码为 wc15c2j1 的问题：A New Hope。
3. DMOJ 上代码为 ccc13j1 的问题：Next in Line。
4. DMOJ 上代码为 wc17c1j2 的问题：How's the Weather?（提示：注意转换的方向）。
5. DMOJ 上代码为 wc18c3j1 的问题：An Honest Day's Work（提示：请思考如何确定瓶盖的数量和这些瓶盖所需的油漆总量）。

1.7 备注

“单词计数”问题来自 DMOPC'15 的 4 月比赛。“圆锥体积”问题来自 DMOPC'14 的 3 月比赛。

第2章

做判断

我们日常使用的大多数程序，根据程序执行过程中发生的情况，其行为都是不同的。例如，当一个文字处理程序询问是否要保存我们的工作时，它根据我们的回答做出判断：如果回答“是”，就保存我们的工作；如果回答“不是”，就不保存我们的工作。在本章中，我们将学习 if 语句，它让程序做出判断。

我们将解决两个问题：确定一场篮球比赛的结果，以及确定一个电话号码是否属于一个电话推销员。

2.1 问题 3：获胜球队

在这个问题中，我们需要根据篮球比赛结果来输出信息。要做到这一点，我们将学习所有关于 if 语句的知识。我们还将学习如何在程序中保存和处理真假值。

这是 DMOJ 上代码为 ccc19j1 的问题。

挑战

在篮球比赛中，每个进球可能获得 3 种分数：3 分、2 分、1 分。我们将 3 种进球分别称为三分球、二分球和一分球。

你刚刚观看了苹果队和香蕉队之间的篮球比赛，并记录了每队投中的三分球、二分球和一分球的数量。请指出这场比赛是苹果队获胜、香蕉队获胜，还是平局。

输入

有 6 行输入。前 3 行给出苹果队的得分，后 3 行给出香蕉队的得分。

- 第一行给出了苹果队投中三分球的次数。
- 第二行给出了苹果队投中二分球的次数。
- 第三行给出了苹果队投中一分球的次数。
- 第四行给出了香蕉队投中三分球的次数。
- 第五行给出了香蕉队投中二分球的次数。
- 第六行给出了香蕉队投中一分球的次数。

每个数字都是 0～100 的整数。

输出

满足如下条件的单一字符。

- 如果苹果队的得分比香蕉队的得分高，则输出 A。
- 如果香蕉队的得分比苹果队的得分高，则输出 B。
- 如果苹果队的得分和香蕉队的得分相同，输出 T。

2.1.1 有条件执行

通过使用在第 1 章学到的知识，我们可以在这里取得很大的进展。可以用 input 和 int 分别读取输入的 6 个整数，用变量来保存这些值，将投中三分球的数量乘以 3，将投中两分球的数量乘以 2，使用 print 来输出 A、B 或 T。

我们还没有学到的是，程序如何对比赛的结果做出判断。我可以通过两个测试用例来证明为什么需要这样做。

首先，考虑这个测试用例：

```
5
1
3
1
1
1
```

苹果队得了 $5 \times 3 + 1 \times 2 + 3 = 20$ 分，而香蕉队得了 $1 \times 3 + 1 \times 2 + 1 = 6$ 分。苹果队赢得了比赛，所以正确的输出是：

```
A
```

其次，考虑这个测试用例，与上个用例相比，苹果队和香蕉队的分数调换了：

```
1
1
1
5
1
3
```

这一次，香蕉队赢得了比赛，所以正确的输出是：

```
B
```

程序必须能比较苹果队的总得分和香蕉队的总得分，并使用比较的结果来选择是输出 A、B 还是 T。

我们可以用 Python 的 if 语句来进行这类判断。条件是一个值为真或假的表达式，if 语句使用条件来判断做什么。if 语句导致了有条件的执行，之所以这样命名是因为程序的执行受到条件的影响。

我们先学习一种新类型，它可以让我们表示真或假的值，并学习如何建立这种类型的表达式。然后，我们将使用这种表达式来编写 if 语句。

2.1.2 布尔类型

将一个表达式传给 Python 的 `type` 函数，它将告诉你表达式的值的类型：

```
>>> type(14)
<class 'int'>
>>> type(9.5)
<class 'float'>
>>> type('hello')
<class 'str'>
>>> type(12 + 15)
<class 'int'>
```

有一个我们还没见过的 Python 类型，就是布尔（`bool`）类型。整数、字符串和浮点数有数十亿个可能的值，但布尔型与它们不同，只有两个值：`True` 和 `False`。

```
>>> True
True
>>> False
False
>>> type(True)
<class 'bool'>
>>> type(False)
<class 'bool'>
```

我们能用这些值做什么？对于数字，我们有像“+”和“-”这样的数学操作符，可以让我们将数值组合成更复杂的表达式。我们需要一套新的操作符来处理布尔值。

2.1.3 关系操作符

5 比 2 大吗？4 小于 1 吗？我们可以用 Python 的关系操作符进行这样的比较。它们产生 `True` 或 `False`，因此被用于编写布尔表达式。

操作符“>”有两个操作数，如果第一个操作数大于第二个操作数，则返回 `True`，否则返回 `False`：

```
>>> 5 > 2
True
>>> 9 > 10
False
```

类似地，我们有“<”操作符来表示小于：

```
>>> 4 < 1
False
>>> -2 < 0
True
```

还有“>=”表示“大于等于”，“<=”表示“小于等于”：

```
>>> 4 >= 2
True
>>> 4 >= 4
True
```

```
>>> 4 >= 5
False
>>> 8 <= 6
False
```

为了确定相等关系，我们使用“==”操作符——两个等号，而不是一个。记住，一个等号（=）是在赋值语句中使用的，它与检查相等无关。

```
>>> 5 == 5
True
>>> 15 == 10
False
```

对于不相等，我们使用“!=”操作符。如果两个操作数不相等，则返回 True；如果两个操作数相等，则返回 False：

```
>>> 5 != 5
False
>>> 15 != 10
True
```

真正的程序中，对于已知其值的表达式，我们不用再去评估它们的大小关系。例如，我们不需要 Python 来告诉我们 15 是否等于 10。更常见的是，我们会在这类表达式中使用变量。例如，number != 10 是一个表达式，其值取决于 number 指的是什么。

关系操作符也适用于字符串。当检查相等时，大小写很重要：

```
>>> 'hello' == 'hello'
True
>>> 'Hello' == 'hello'
False
```

如果按字母顺序，一个字符串排在另一个字符串前面，那么它就比另一个字符串小：

```
>>> 'brave' < 'cave'
True
>>> 'cave' < 'cavern'
True
>>> 'orange' < 'apple'
False
```

但是，如果同时涉及小写字母和大写字母，事情就会变得令人惊讶：

```
>>> 'apple' < 'Banana'
False
```

很奇怪，对吗？这与计算机内部保存字符的方式有关。一般来说，大写字符按字母顺序排在小写字符之前。再看看这个：

```
>>> '10' < '4'
True
```

如果对比的是数字 10 和数字 4，那么结果将是 False，但这里对比的是字符串。具体来说，Python 会从左到右逐个字符比较。Python 比较了'1'和'4'，因为'1'比较小，所以它返回 True。请确保你的值具有它应有的类型！

有一个关系操作符对字符串起作用，而对数字不起作用，它就是 in。如果第一个字符串在第二个字符串中至少出现一次，它就返回 True，否则就返回 False：

```
>>> 'ppl' in 'apple'
True
>>> 'ale' in 'apple'
False
```

概念检查

以下代码的输出是什么？

```
a = 3
b = (a != 3)
print(b)
```

A. True

B. False

C. 3

D. 这段代码产生语法错误

答案：B。表达式 a != 3 的值为 False；然后让 b 指代这个 False 值。

2.1.4 if 语句

我们现在将探索 Python 中 if 语句的几种变体。

单独的 if 语句

假设我们将最终得分存放在两个变量 apple_total 和 banana_total 中，并且希望在 apple_total 大于 banana_total 时输出 A。下面是我们的做法：

```
>>> apple_total = 20
>>> banana_total = 6
>>> if apple_total > banana_total:
...     print('A')
...
A
```

Python 输出 A，正如我们所期望的那样。

一个 if 语句以关键词 if 开始。关键词是一个对 Python 有特殊意义的词，不能作为变量名使用。关键词 if 后面是一个布尔表达式，再后面是冒号，再后面是一个或多个缩进的语句。缩进的语句通常被称为 if 语句块。如果布尔表达式为 True，则执行该语句块；如果布尔表达式为 False，则跳过该语句块。

请注意，提示符从“>>>”变成了“...”。这是在提醒，在 if 语句块内，必须缩进代码。我们选择缩进 4 个空格，所以为了缩进代码，按空格键 4 次。有些 Python 程序员按 Tab 键缩进，但我们在本书中只使用空格。

一旦输入 print('A') 并按下回车键，应该看到另一个“...”提示符。由于我们在这个 if 语句中没有其他东西可放，所以再按一次回车键，就可以取消这个提示符，并返回到“>>>”提示符。需要多按一次回车键是 Python Shell 的一个特性，当我们在文件中写 Python 程序时，不需要这种空行。

我们来看一个例子，它将两个语句放在 if 语句块中：

```
>>> apple_total = 20
>>> banana_total = 6
>>> if apple_total > banana_total:
...     print('A')
...     print('Apples win!')
...
A
Apples win!
```

两个 print 调用都执行了，产生了两行输出。

让我们试试另一个 if 语句，在这个语句中，布尔表达式的值为 False：

```
>>> apple_total = 6
>>> banana_total = 20
>>> if apple_total > banana_total:
...     print('A')

...
```

这次没有调用 print 函数：apple_total > banana_total 为 False，所以跳过了 if 语句块。

带有 elif 的 if 语句

我们使用 3 个连续的 if 语句，如果苹果队赢了就输出 A，如果香蕉队赢了就输出 B，如果两者平局就输出 T：

```
>>> apple_total = 6
>>> banana_total = 6
>>> if apple_total > banana_total:
...     print('A')
...
>>> if banana_total > apple_total:
...     print('B')
...
>>> if apple_total == banana_total:
...     print('T')
...
T
```

前两个 if 语句块被跳过，因为它们的布尔表达式是 False。但是第三个 if 语句块被执行，产生了 T。

当你将一个 if 语句放在另一个后面时，它们是独立的。每个布尔表达式都会被求值，不管之前的布尔表达式是 True 还是 False。

对于 apple_total 和 banana_total 的任何给定值，我们的 if 语句中只有一个可以运行。

例如，如果 `apple_total < banana_total` 为 True，那么第一个 if 语句将运行，但其他两个将不会运行。我们可以写代码来强调只允许一个代码块运行。下面是我们的做法：

```
❶ >>> if apple_total > banana_total:
   ...     print('A')
❷ ... elif banana_total > apple_total:
   ...     print('B')
❸ ... elif apple_total == banana_total:
   ...     print('T')
   ...
   T
```

这是单一的 if 语句，而不是 3 个独立的 if 语句。出于这个原因，不要在“...”提示下按回车键。作为替代，输入带有 elif 的一行。

为了执行这个 if 语句，Python 开始求值第一个布尔表达式❶。如果结果是 True，就输出 A，其余的 elif 被跳过。如果结果是 False，那么 Python 继续，求值第二个布尔表达式❷。如果结果是 True，那么 B 被输出，剩下的 elif 被跳过。如果结果是 False，那么 Python 继续，求值第三个布尔表达式❸。如果结果是 True，就输出 T。

关键词 elif 代表 else-if。它可以提醒你，在 if 语句中，只有它前面的任何“其他”语句都没执行时，elif 语句块才被检查。

这个版本的代码等同于以前的代码，在那里我们使用了 3 个独立的 if 语句。如果我们希望允许执行 1 个以上的块，就必须使用 3 个独立的 if 语句，而不是 1 个带有 elif 语句块的 if 语句。

带有 else 的 if 语句

如果 if 语句中所有的布尔表达式都是 False，我们可以使用 else 关键词来运行代码。下面是一个例子：

```
>>> if apple_total > banana_total:
...     print('A')
... elif  banana_total > apple_total:
...     print('B')
... else:
...     print('T')
...
T
```

Python 从上到下求值布尔表达式。如果其中任何一个为 True，Python 就会运行相关的语句块，并跳过 if 语句的其余部分。如果所有的布尔表达式都是 False，Python 将执行 else 语句块。

注意，这里不再有 `apple_total == banana_total`。进入 if 语句的 else 部分的唯一方法就是 `apple_total > banana_total` 是 False，并且 `banana_total > apple_total` 也是 False。也就是说，两个值相等。

你应该使用单独的 if 语句、带有 elif 的 if 语句，还是带有 else 的 if 语句？这往往取决于你的偏好。如果你希望最多执行一个代码块，就使用一串 elif。else 可以使代码更清晰，并且不需要我们写一个全面的布尔表达式。比起 if 语句的具体风格，更重要的是写出正确的逻辑！

概念检查

以下代码运行后，x 的值是多少？

```
x = 5
if x > 2:
    x = -3
if x > 1:
    x = 1
else:
    x = 3
```

A. −3

B. 1

C. 2

D. 3

E. 5

答案：D。因为 x > 2 为 True，所以执行第一个 if 语句的块。赋值 x = -3 使 x 指代−3。现在看第二个 if 语句。这里，x > 1 是 False，所以执行 else 块，x = 3 使得 x 指代 3。我建议将 if x > 1 改为 elif x > 1，并观察程序的行为如何改变。

概念检查

以下两段代码的作用是否完全相同？假设 temperature 已经指代一个数字。

片断 1：

```
if temperature > 0:
    print('warm')
elif temperature == 0:
    print('zero')
else:
    print('cold')
```

片断 2：

```
if temperature > 0:
    print('warm')
elif temperature == 0:
    print('zero')
print('cold')
```

A. 是

B. 否

答案：B。片段 2 的最后一行总是输出 cold，因为 print('cold')没有缩进！它没有与任何 if 语句相关联。

2.1.5　解决问题

现在是解决“获胜球队”问题的时候了。在本书中，我一般会先介绍完整的代码，再讨论它。但是，由于这里的解决方案比第 1 章中的要长，所以我决定在本例中先将代码分成 3 部分，再将它作为一个整体呈现。

首先，需要读取输入。这需要调用 6 次 input，因为有两个球队，每个球队有 3 条信息。我们还需要将每一条输入转换为一个整数。下面是代码：

```
apple_three = int(input())
apple_two = int(input())
apple_one = int(input())

banana_three = int(input())
banana_two = int(input())
banana_one = int(input())
```

其次，需要确定苹果队和香蕉队的总得分。对于每支球队，我们把三分球、二分球和一分球的得分相加。可以这样做：

```
apple_total = apple_three * 3 + apple_two * 2 + apple_one
banana_total = banana_three * 3 + banana_two * 2 + banana_one
```

最后，产生输出。如果苹果队赢了，则输出 A；如果香蕉队赢了，则输出 B；否则，我们知道游戏是平局，所以输出 T。我们用 if 语句来实现，如下所示：

```
if apple_total > banana_total:
    print('A')
elif banana_total > apple_total:
    print('B')
else:
    print('T')
```

这就是我们需要的所有代码。完整的解决方案见清单 2-1。

清单 2-1：解决“获胜球队”问题

```
apple_three = int(input())
apple_two = int(input())
apple_one = int(input())

banana_three = int(input())
banana_two = int(input())
banana_one = int(input())


apple_total = apple_three * 3 + apple_two * 2 + apple_one
banana_total = banana_three * 3 + banana_two * 2 + banana_one

if apple_total > banana_total:
    print('A')
elif banana_total > apple_total:
    print('B')
else:
    print('T')
```

如果你将代码提交给评测网站，应该看到所有的测试用例都能通过。

概念检查

以下版本的代码是否正确地解决了问题？

```
apple_three = int(input())
apple_two = int(input())
apple_one = int(input())

banana_three = int(input())
banana_two = int(input())
banana_one = int(input())

apple_total = apple_three * 3 + apple_two * 2 + apple_one
banana_total = banana_three * 3 + banana_two * 2 + banana_one

if apple_total < banana_total:
    print('B')
elif apple_total > banana_total:
    print('A')
else:
    print('T')
```

A. 是

B. 否

答案：A。代码的操作符和顺序不同，但代码仍然是正确的。如果苹果队输了，则输出 B（因为香蕉队赢了）；如果苹果队赢了，则输出 A；否则，我们可以判断游戏是平局，所以输出 T。

在继续阅读之前，你可能想尝试解决本章的练习 1。

2.2 问题 4：电话推销员

有时候，我们需要对更复杂的布尔表达式进行编码，而不是我们目前所看到的那些。在这个问题中，我们将学习一些布尔操作符，它们帮助我们做到这一点。

这是 DMOJ 上代码为 ccc18j1 的问题。

挑战

在这个问题中，我们假设电话号码是四位数。如果一个电话号码的 4 位数字满足以下 3 个属性，那么这个号码就属于一个电话推销员。

- 第一位数字是 8 或 9。
- 第四位数字是 8 或 9。
- 第二位数字和第三位数字是相同的。

例如，一个 4 位数为 8119 的电话号码属于一个电话推销员。

判断一个电话号码是否属于一个电话推销员，并指出我们是否应该接听电话或忽略它。

输入

有 4 行输入。这些行分别给出电话号码的第一、第二、第三、第四位数字。每个数字都是 0～9 的整数。

输出

如果该电话号码属于电话推销员，则输出 `ignore`；否则，输出 `answer`。

2.2.1 布尔操作符

一个属于电话推销员的电话号码必须是怎样的？它的第一个位数字必须是 8 或 9、第四位数字必须是 8 或 9、第二位数字和第三位数字必须是相同的。我们可以用 Python 的布尔操作符对这种“或”与“和”的逻辑进行编码。

or 操作符

or 操作符以两个布尔表达式作为其操作数。如果至少有一个操作数是 `True`，则返回 `True`，否则返回 `False`：

```
>>> True or True
True
>>> True or False
True
>>> False or True
True
>>> False or False
False
```

通过 or 操作符得到 `False` 的唯一方法是其操作数都是 `False`。

我们可以用 or 来告诉我们一个数字是否为 8 或 9：

```
>>> digit = 8
>>> digit == 8 or digit == 9
True
>>> digit = 3
>>> digit == 8 or digit == 9
False
```

回想一下 1.3.2 小节，Python 使用操作符优先级来决定操作符的应用顺序。or 的优先级比关系操作符的优先级低，这意味着我们通常不需要在操作数周围加上括号。例如，在 `digit == 8 or digit == 9` 中，or 操作符的两个操作数是 `digit == 8` 和 `digit == 9`。把它写成 `(digit == 8) or (digit == 9)` 也是一样的。

在自然语言中，如果有人说“如果数字是 8 或 9”，这是有意义的。但在 Python 中，这样写是行不通的：

```
>>> digit = 3
>>> if digit == 8 or 9:
```

```
...     print('yes!')
...
yes!
```


请注意，我把第二个操作数写成了 9，而不是 `digit == 9`。Python 的反应是输出 `yes!`，这当然不是我们想要的，因为 `digit` 指代 3。原因是 Python 将非零的数字看作 `True`。由于 9 被认为是 `True`，这使得整个或表达式为 `True`。在从自然语言翻译到 Python 时，请仔细地反复检查你的布尔表达式，以避免这类错误。

and 操作符

对于 and 操作符，如果它的操作数都是 `True`，则返回 `True`，否则返回 `False`：

```
>>> True and True
True
>>> True and False
False
>>> False and True
False
>>> False and False
False
```

从 and 操作符中得到 `True` 的唯一方法是它的操作数都是 `True`。

and 的优先级比 or 的优先级高。明白优先级的顺序是很重要的，例如，对于以下代码：

```
>>> True or True and False
True
```

Python 对这个表达式的解释是，首先判断 and：

```
>>> True or (True and False)
True
```

结果是 True，因为 or 的第一个操作数是 True。

我们可以通过加括号来强迫先判断 or：

```
>>> (True or True) and False
False
```

结果是 `False`，因为 and 的第二个操作数是 `False`。

not 操作符

另一个重要的布尔操作符是 not。与 or 和 and 不同，not 只需要一个（而不是两个）操作数。如果它的操作数是 `True`，则返回 `False`，否则返回 `True`：

```
>>> not True
False
>>> not False
True
```

not 的优先级高于 or 和 and 的优先级。

概念检查

这里有一个表达式和带有括号的表达式的版本。哪一个表达式的求值为 True?

A. not True and False

B. (not True) and False

C. not (True and False)

D. 以上都不对

答案: C。该表达式中 True and False 的求值为 False; 因此, not 使整个表达式为 True。

概念检查

考虑表达式 not a or b。

以下哪项使该表达式为 False?

A. a False, b False

B. a False, b True

C. a True, b False

D. a True, b True

E. 以上至少有两个对

答案: C。如果 a 是 True，那么 not a 是 False。因为 b 也是 False，所以 or 操作符的两个操作数都是 False，所以整个表达式的值是 False。

2.2.2 解决问题

有了布尔操作符，我们就可以解决“电话推销员”问题。解决方案在清单 2-2 中。

清单 2-2：解决“电话推销员”问题

```
num1 = int(input())
num2 = int(input())
num3 = int(input())
num4 = int(input())

❶ if ((num1 == 8 or num1 == 9) and
          (num4 == 8 or num4 == 9) and
          (num2 == num3)):
      print('ignore')
  else:
      print('answer')
```

如同在“获胜球队”问题中一样，我们先读取输入并将其转换为整数。

if 语句❶的高层结构是由 and 操作符连接的 3 个表达式；它们中的每一个都必须是 True，整个表达式才是 True。我们要求第一位数字是 8 或 9，第四位数字是 8 或 9，并且第二位数字和第三位数字相等。如果所有这 3 个条件都成立，我们就知道这个电话号码是属于一个电话推销员的，于是输出 ignore。否则，该电话号码不属于电话推销员，就输出 answer。

我将布尔表达式分成了 3 行。这需要用一对额外的括号包住整个表达式，正如我所做的（如果没有这些括号，你会遇到一个语法错误，因为没有告诉 Python 表达式会在下一行继续）。

Python 风格指南建议，一行不超过 79 个字符。虽然完整的布尔表达式写成一行仅有 76 个字符，但我认为 3 行的版本更清晰，它在每一行中突出了每个必须为 True 的条件。

这里我们有一个很好的解决方案。为了进一步探索，我们讨论一些其他的方法。

我们的代码用一个布尔表达式来检测一个电话号码是否属于电话推销员。我们也可以选择写代码来检测一个电话号码何时不属于电话推销员。如果电话号码不属于电话推销员，则应该输出 answer；否则，应该输出 ignore。

如果第一位数字不是 8，也不是 9，这个电话号码就不属于电话推销员。或者，如果第四位数字不是 8 也不是 9，这个电话号码就不属于电话推销员。或者，如果第二位数字和第三位数字不相等，这个电话号码就不属于电话销售人员。如果这些表达式中有一个是 True，这个电话号码就不属于电话推销员。

请看清单 2-3，其中包含了这一逻辑的代码版本。

清单 2-3：解决“电话推销员”问题的另一种方法

```
num1 = int(input())
num2 = int(input())
num3 = int(input())
num4 = int(input())

if ((num1 != 8 and num1 != 9) or
        (num4 != 8 and num4 != 9) or
        (num2 != num3)):
    print('answer')
else:
    print('ignore')
```

把所有这些!=、or 和 and 操作符弄对并不容易。例如，请注意，我们必须将所有的==操作符改为!=，将所有的 or 操作符改为 and，将所有的 and 操作符改为 or。

另一种方法是使用 not 操作符一次性否定“是电话推销员”表达式。代码见清单 2-4。

清单 2-4：解决“电话推销员”问题（not 操作符）

```
num1 = int(input())
num2 = int(input())
num3 = int(input())
num4 = int(input())

if not ((num1 == 8 or num1 == 9) and
        (num4 == 8 or num4 == 9) and
        (num2 == num3)):
    print('answer')
else:
    print('ignore')
```

在这些解决方案中，你觉得哪一个最直观？通常构建 if 语句的逻辑不止有一种方法，我们应该使用最容易正确的方法。对我来说，清单 2-2 是最自然的，但你可能不这么认为！

选择你最喜欢的版本并提交给评测网站。你应该看到所有的测试用例都能通过。

2.3　注释

我们应该始终努力使程序尽可能清晰，这有助于避免在编程时引入错误。即使不小心引入了错误，也更容易修复代码。有意义的变量名，操作符周围的空格，将程序分成逻辑部分的空行，简单的 if 语句逻辑：所有这些做法都可以提高我们所写代码的质量。另一个好习惯是给代码添加注释。

注释由#字符开始，一直持续到行尾。Python 会忽略注释，所以它们对程序没有影响。我们添加注释是为了提示自己或其他人我们所做的设计决定。阅读代码的人往往懂 Python，所以要避免简单重复代码内容的注释。下面是包含不必要注释的代码：

```
>>> x = 5
>>> x = x + 1    # Increase x by 1
```

除了解释我们已经知道的关于赋值语句的知识外，这个注释没有增加任何内容。

请看清单 2-5，这是清单 2-2 的一个带注释的版本。

清单 2-5：解决“电话推销员”问题（添加注释）

```
❶ # ccc18j1, Telemarketers

  num1 = int(input())
  num2 = int(input())
  num3 = int(input())
  num4 = int(input())

❷ # Telemarketer number: first digit 8 or 9, fourth digit 8 or 9,
  # second digit and third digit are same
  if ((num1 == 8 or num1 == 9) and
          (num4 == 8 or num4 == 9) and
          (num2 == num3)):
      print('ignore')
  else:
      print('answer')
```

我加了 3 行注释：最上面的一行❶提醒我们问题代码和名称，if 语句前的两行❷提醒我们检测电话推销员电话号码的规则。

不要过多地使用注释，要尽力编写根本不需要注释的代码。但是，对于棘手的代码，或者为了记录你为什么选择以特定的方式做某事，在编写代码时即编写好注释可以节省以后的时间并避免挫折感。

2.4　输入和输出重定向

当你将 Python 代码提交给评测网站时，它会运行许多测试用例来确定你的代码是否正确。有人在那里尽职尽责地等待新的代码，然后疯狂地从键盘上敲打测试用例吗？

不可能！这都是自动化的。没有人在键盘上输入测试用例。那么，如果说我们是通过键盘输入的方式来满足对输入的要求，即评测网站如何测试我们的代码呢？

事实是，input 并不一定从键盘上读取输入，它是从一个名为“标准输入”的输入源读取输入的。默认情况下，这个输入源就是键盘。

我们可以改变标准输入，使它指向一个文件而不是键盘。这种技术被称为输入重定向，评测网站就是用它来提供输入的。

我们也可以自己尝试输入重定向。对于那些输入量很小的程序（只是一行文本或几个整数）输入重定向可能不会为我们节省多少工作量。但是对于那些测试用例可能长达几十或几百行的程序，输入重定向使我们的工作更容易测试。与其一遍又一遍地输入相同的测试用例，不如将它保存在一个文件中，然后根据需要多次运行程序。

让我们在“电话推销员”问题上试试输入重定向。导航到你的 programming 文件夹，创建一个新的文件，叫作 telemarketers_input.txt。在该文件中，输入以下内容：

```
8
1
1
9
```

问题中规定我们应该每行提供一个整数，所以我们在这里每行写一个。

保存该文件。现在输入 python telemarketers.py < telemarketers_input.txt，利用输入重定向运行你的程序。程序应该输出 ignore，就像你从键盘上输入测试用例那样。

“<”符号指示你的操作系统使用一个文件而不是键盘来提供输入。在“<”符号后面是包含输入的文件名。

要在不同的测试用例中尝试你的程序，只需修改 telemarketers_input.txt 文件并再次运行你的程序。

我们还可以改变输出的位置，尽管我们在本书中不需要这样做。print 函数输出到标准输出，默认情况下，标准输出是屏幕。我们可以改变标准输出，使它转而指向一个文件。我们利用输出重定向来实现，它被写成一个“>”符号，后面是一个文件名。

输入 python telemarketers.py > telemarketers_output.txt，利用输出重定向运行你的程序。提供四个整数的输入后，你应该回到你的操作系统提示。但是你应该看不到该程序的任何输出！这是因为我们已经将输出重定向到 telemarketers_output.txt 文件。如果你在文本编辑器中打开 telemarketers_output.txt，就应该会看到输出。

对输出重定向要小心。如果你使用一个已经存在的文件名，旧文件就会被覆盖掉！请务必仔细检查你是否使用了想要的文件名。

2.5 小结

在本章中，我们学习了如何使用 if 语句来指导程序的工作。if 语句的关键部分是一个布尔表达式，它是一个具有 True 或 False 值的表达式。为了建立布尔表达式，我们使用关系操作符，如“==”和“>=”，并使用布尔操作符，如 and 和 or。

可以根据 True 和 False 来判断做什么的程序更加灵活，能够适应更多的情况。但我们的程序仍然局限于处理少量的输入和输出——我们不论想调用多少次 input 来读取信息（或调用

`print` 输出），都需要一次次地分别输入它们。在第 3 章中，我们将学习循环。循环可以使代码自动反复执行，这样就可以随意处理大量的输入和输出。

想只用少量的 Python 代码处理 100 个值吗？1000 个呢？我知道，现在刺激你还有点早，因为你还有下面的练习要做。但是当你准备好时，请继续阅读第 3 章！

2.6 练习

这里有一些练习供你尝试。

1．DMOJ 上代码为 ccc06j1 的问题：Canadian Calorie Counting。
2．DMOJ 上代码为 ccc15j1 的问题：Special Day。
3．DMOJ 上代码为 ccc15j2 的问题：Happy or Sad。
4．DMOJ 上代码为 dmopc16c1p0 的问题：C.C. and Cheese-Kun。
5．DMOJ 上代码为 ccc07j1 的问题：Who is in the Middle。

2.7 备注

“获胜球队”问题来自 2019 年加拿大计算机竞赛初级组。“电话推销员”问题来自 2018 年加拿大计算机竞赛初级组。

第3章

重复代码：定循环

如果我们让计算机不断地重复一个过程，它们就会大放异彩。它们不知疲倦地按照我们的要求去做某些事情，不管是做十次、一百次还是十亿次。在本章中，我们将学习循环，这种语句指示计算机重复执行程序的一部分。

我们将用循环解决三个问题：跟踪一个杯子下的球的位置、计算被占用的停车位的数量，以及确定手机套餐中的可用数据量。

3.1 问题5：三个杯子

在这个问题中，我们将在杯子移动时，跟踪杯子下的球的位置。杯子可以移动很多次，我们不能为每次移动单独编写代码。作为替代，我们将学习和使用 for 循环，它让我们能够更容易地针对每次移动运行代码。

这是 DMOJ 上代码为 coci06c5p1 的问题。

挑战

博尔科有 3 个不透明的杯子：一个在左边（位置 1），一个在中间（位置 2），一个在右边（位置 3）。在左边的杯子下面有一个球。我们的工作是在博尔科交换杯子的位置时跟踪球的位置。

博尔科可以进行 3 种类型的交换：

A 型，即交换左边和中间的杯子；

B 型，即交换中间和右边的杯子；

C 型，即交换左边和右边的杯子。

例如，如果说“博尔科的第一个交换是 A 型的”，那么他就交换了左边和中间的杯子。交换前球在左边，经过这个交换，它被移到中间。如果说“他的第一个交换是 B 型的”，那么他就交换中间和右边的杯子，而将左边的杯子保持在原位，所以球不会改变位置。

输入

一行字符（由最多 50 个字符组成）。每个字符指定博尔科的交换类型：A、B 或 C。

输出

按以下规则输出球的最终位置：

- 如果球在左边，输出 1；
- 如果球在中间，输出 2；
- 如果球在右边，输出 3。

3.1.1 为什么要循环？

考虑一下这个测试用例：

```
ACBA
```

这里有 4 个交换。为了确定球的最终位置，我们需要逐一进行。

第一个交换是 A 型的，即将左边和中间的杯子交换。由于球从左边开始，这导致球被移动到中间。第二个交换是 C 型的，即交换左边和右边的杯子。由于球目前在中间位置，这对球的位置没有影响。第三个交换是 B 型的，即将中间和右边的杯子交换。这使球从中间移到右边。第四个交换是 A 型的，即交换左边和中间的杯子。这对球没有影响。因此，正确的输出是 3，因为球最后是在右边。

请注意，对于每个交换，我们都必须做出判断，以确定球是否移动，如果球移动，则适当地改变球的位置。做判断是我们在第 2 章就知道的事情。例如，如果交换类型是 A 型，球在左边，那么球就会移动到中间。这看起来像这样：

```
if swap_type == 'A' and ball_location == 1:
    ball_location = 2
```

我们可以针对球移动的其他情况添加一些 elif 语句：交换类型 A，球在中间；交换类型 B，球在中间；交换类型 B，球在右边；等等。这个大的 if 语句就足以处理一个交换了。但这还不足以解决“三个杯子”问题，因为我们可能有一个多达 50 次交换的测试用例。我们需要为每个交换重复 if 语句的逻辑。而且我们肯定不想把同样的代码复制和粘贴 50 次。想象一下，你犯了一个错，必须要修改 50 次来纠正它，或者你突然对有多达一百万个交换的测试用例感兴趣。我们到目前为止所学的东西是不能解决这类问题的。我们需要一种方法来遍历所有交换，对每一个交换执行相同的逻辑。因此我们需要一个循环。

3.1.2 for 循环

Python 的 for 语句产生 for 循环。for 循环允许我们处理一个序列的每个元素。到目前为止，我们看到的唯一的序列类型是字符串。我们将学习其他序列类型（for 循环对所有的序列类型都有效）。

下面是我们第一个 for 循环的例子：

```
>>> secret_word = 'olive'
>>> for char in secret_word:
...     print('Letter: ' + char)
...
```

```
Letter: o
Letter: l
Letter: i
Letter: v
Letter: e
```


在关键字 for 后面，我们写上一个循环变量的名字。循环变量是指随着循环的进行而指向不同数值的变量。在一个字符串的 for 循环中，循环变量指的是字符串中的每个字符。

我选择了 `char`（代表“character”）这个变量名，提醒我们这个变量是指字符串中的一个字符。有时候，采用一个符合上下文的变量名会更清楚。例如，在“三个杯子”问题中，`swap_type` 这个名字提醒我们它指的是一种交换的类型。

变量名之后是关键字 in，然后是我们想要循环的字符串。在我们的例子中，要在 `secret_word` 所指的字符串上循环，也就是`'olive'`。

与 if 语句的 if、elif 和 else 行一样，for 行以冒号（:）结束。而且，与 if 语句一样，for 语句也有一个缩进块，它由一个或多个语句组成。

这些缩进语句的执行被称为循环的一个迭代。下面是循环在每个迭代中所做的事情。

- 在第一次迭代时，Python 让 `char` 指向`'o'`，即`'olive'`的第一个字符，然后运行循环语句块，其中只包括对 `print` 的调用。由于 `char` 指的是`'o'`，所以产生的输出是 `Letter: o`。
- 在第二次迭代时，Python 让 `char` 指向`'l'`，即`'olive'`的第二个字符。然后它调用 `print`，输出 `Letter: l`。
- 这个过程又重复了三次，对`'olive'`中剩下的每个字符重复一次。
- 这个循环结束。在循环之后没有任何代码，所以程序已经运行完毕。如果在循环之后有另外的代码，那么程序将继续执行这些代码。

你可以在 for 循环的语句块中放置多个语句。下面是一个例子：

```
>>> secret_word = 'olive'
>>> for char in secret_word:
...     print('Letter: ' +  char)
...     print('*')
...
Letter: o
*
Letter: l
*
Letter: i
*
Letter: v
*
Letter: e
*
```

现在我们有两个语句在循环的每个迭代中执行：一个语句输出字符串的当前字母，另一个语句输出一个`*`字符。

for 循环在一个序列的元素中循环，所以序列的长度告诉我们有多少次迭代。`len` 函数接收一个字符串并返回其长度：

```
>>> len('olive')
5
```

因此，对'olive'的 for 循环包括 5 次迭代：

```
>>> secret_word = 'olive'
❶ >>> print(len(secret_word), 'iterations, coming right up!')
>>> for char in secret_word:
...     print('Letter: ' + char)
...
5 iterations, coming right up!
Letter: o
Letter: l
Letter: i
Letter: v
Letter: e
```

用多个实参调用 print❶，而不是用连接，以避免将长度转换为字符串。

for 循环是所谓的“定循环”，它的迭代次数预先确定。也有一些不定循环，其迭代次数取决于程序运行时发生的变化。我们将在第 4 章中研究这些循环。

概念检查

以下代码的输出是什么？

```
s = 'garage'
total = 0

for char in s:
total = total + s.count(char)

print(total)
```

A. 6

B. 10

C. 12

D. 36

答案：B。对于'garage'中的每个字符，我们将其计数加入 total。有 2 个 g、2 个 a、1 个 r、2 个 a（再计算一次！）、2 个 g（再计算一次！）和 1 个 e。

3.1.3　嵌套

for 循环语句块是一个或多个语句。这些语句可以是单行语句，如函数调用和赋值语句，也可以是多行语句，如 if 语句和循环。

我们先看一个 for 循环内嵌套 if 语句的例子。假设我们想只输出一个字符串中的大写字符。字符串有一个 isupper 方法，可以确定一个字符是不是大写字母：

```
>>> 'q'.isupper()
False
>>> 'Q'.isupper()
True
```

可以在 if 语句中使用 isupper，以控制 for 循环的每次迭代所发生的事情：


```
>>> title = 'The Escape'
>>> for char in title:
...     if char.isupper():
...         print(char)
...
T
E
```

请注意这里的缩进。我们需要为 for 循环缩进一层，并为嵌套的 if 语句增加一层缩进。

在第一次迭代中，char 指的是'T'。由于'T'是大写字母，isupper 测试返回 True，if 语句块运行。这导致了程序输出 T。在第二次迭代中，char 指的是'h'。这一次，isupper 测试返回 False，所以 if 语句块没有运行。总的来说，for 循环遍历了字符串的每个字符，但是嵌套的 if 语句只运行了两次：在字符串开始的'T'和'Escape'开头的'E'上。

那么，是否可以有嵌套在 for 循环中的 for 循环呢？这样做是允许的。这里有一个例子：

```
>>> letters = 'ABC'
>>> digits =  '123'
>>> for letter in letters:
...     for digit in digits:
...         print(letter + digit)
...
A1
A2
A3
B1
B2
B3
C1
C2
C3
```

该代码输出所有满足以下条件的双字符字符串：其第一个字符来自 letters，而第二个字符来自 digits。

在外部（letters）循环的第一次迭代中，letter 是指'A'。这个迭代包括完全运行内部（digits）循环。在内循环运行的整个过程中，letter 是指'A'。在内循环的第一次迭代中，digit 指的是 1，这就是输出 A1 的原因。在内循环的第二次迭代中，digit 指的是 2，因此输出 A2。在内循环的第三次（最后一次）迭代中，digit 指的是 3，因此输出 A3。

我们还没有完成！我们只经历了一次外循环的迭代。在外循环的第二次迭代中，letter 是指'B'。现在，内循环的三次迭代再次运行，这一次，letter 指的是'B'。这就解释了 B1、B2 和 B3 的输出过程。最后，在外循环的第三次迭代中，letter 指的是'C'，内循环产生 C1、C2 和 C3。

概念检查

以下代码的输出是什么？

```
title = 'The Escape'
total = 0

for char1 in title:
    for char2 in title:
        total = total + 1

print(total)
```

A. 10

B. 20

C. 100

D. 这段代码会产生语法错误，因为两个嵌套的循环不能都使用 title

答案：C。total 开始为 0，在内循环的每次迭代中增加 1。'The Escape'的长度是 10，因此外循环有 10 次迭代。对于这些迭代中的每一次，内循环有 10 次迭代。因此，内循环有 10×10（即 100）次迭代。

3.1.4　解决问题

回到“三个杯子”问题。我们需要一个 for 循环（遍历每个交换），以及一个嵌套的 if 语句（跟踪球的位置）：

```
for swap_type in swaps:
    # Big if statement to keep track of the ball
```

这里有 3 种类型的交换（A、B 和 C）和 3 种可能的球的位置，所以很容易得出结论，我们必须用 3×3（即 9）个布尔表达式来写一个 if 语句（if 后面及 8 个 elif 后面各一个）。事实上，我们只需要 6 个布尔表达式。9 个布尔表达式中的 3 个根本不会移动球：球在右边时的交换类型 A，球在左边时的交换类型 B，球在中间时的交换类型 C。

清单 3-1 是“三个杯子”问题的一个解决方案。

清单 3-1：解决“三个杯子”问题

```
swaps = input()

ball_location = 1

❶ for swap_type in swaps:
    ❷ if swap_type == 'A' and ball_location == 1:
        ❸ ball_location = 2
       elif swap_type == 'A' and ball_location == 2:
          ball_location = 1
       elif swap_type == 'B' and ball_location == 2:
          ball_location = 3
```

```
    elif swap_type == 'B' and ball_location == 3:
        ball_location = 2
    elif swap_type == 'C' and ball_location == 1:
        ball_location = 3
    elif swap_type == 'C' and ball_location == 3:
        ball_location = 1

print(ball_location)
```


我使用 `input` 将交换的字符串赋值给 `swaps` 变量。for 循环❶遍历这些交换。每个交换都由嵌套的 if 语句❷处理。if 和 elif 分支分别编码一个给定的交换类型和一个给定的球的位置会发生什么，然后相应地移动球。例如，如果交换类型是 A，而球在位置 1❷，那么球最后会在位置 2❸。

这个代码例子表明，我们是使用多个 elif（一个大的 if 语句）还是多个 if（多个 if 语句）很重要。如果我们把 elif 改为 if，那么代码就不正确了。清单 3-2 显示了不正确的代码。

清单 3-2：不正确地解决“三个杯子”问题

```
# This code is incorrect

swaps = input()

ball_location = 1

for swap_type in swaps:
❶ if swap_type == 'A' and ball_location == 1:
        ball_location = 2
❷ if swap_type == 'A' and ball_location == 2:
        ball_location = 1
    if swap_type == 'B' and ball_location == 2:
        ball_location = 3
    if swap_type == 'B' and ball_location == 3:
        ball_location = 2
    if swap_type == 'C' and ball_location == 1:
        ball_location = 3
    if swap_type == 'C' and ball_location == 3:
        ball_location = 1

print(ball_location)
```

说这段代码不正确，意思是：它至少让一个测试用例失败。你能找到让这段代码产生错误答案的测试用例吗？

下面有一个这样的测试用例：

```
A
```

对我们来说，球每次交换最多可以移动一次，这才是有意义的。但是 Python 会自动运行你写的代码，不管它是否符合我们的期望。在这种情况下，我们只有一次交换，所以球应该最多移动一次。在 for 循环的第一次也是唯一一次迭代中，Python 检查表达式❶。它是 `True`，所以 Python 把 `ball_location` 设为 2。然后，Python 检查表达式❷。因为我们刚刚把 `ball_location` 改为 2，所以这个表达式是 `True`。因此，Python 把 `ball_location` 设为 1。程序输出 1，而它本应该输出 2。

这是一个逻辑错误的例子：一个错误导致程序按照错误逻辑并产生错误答案。逻辑错误的一个常用术语是缺陷（bug）。程序员检查他们的代码来修复缺陷的过程称为调试。

通常只需要一个简单的测试用例就可以证明一个程序是不正确的。当你试图缩小代码出错的范围时，不要从长的测试用例开始。长的测试用例的结果很难手动验证，而且经常导致复杂的执行路径，我们从中可能学到的东西很少。相比之下，一个短些的测试用例不会导致程序做很多事情，如果它做错了，我们就不用再去寻找罪魁祸首了。设计小型的、有针对性的测试用例并非总是容易的。这是一个可以通过实践磨炼的技能。

我们将正确的代码提交给评测网站，然后继续前进。

在继续之前，你可能想尝试解决本章的练习 1 和练习 2。

3.2　问题 6：已占用停车位

我们知道如何循环遍历一个字符串的字符。然而，有时我们需要知道某个字符在字符串中的位置，而不仅仅是存储在那里的字符。这个问题就是这样一个例子。

这是 DMOJ 上代码为 ccc18j2 的问题。

挑战

你负责管理一个有 n 个停车位的停车场。昨天，你记录了每个停车位是被汽车占据还是空着。今天，你再次记录每个停车位是被汽车占据还是空着。请指出这两天都被占用的停车位的数量。

输入

输入由 3 行组成。

- 第一行包含整数 n，即停车位的数量，n 的取值范围为 1～100。
- 第二行包含一个由 n 个字符组成的字符串，表示昨天的信息，每个停车位用一个字符表示。“C”表示被占用的停车位（C 代表汽车），“.”表示空停车位。例如，“CC.”表示前两个停车位被汽车占据，第三个是空的。
- 第三行包含一个由 n 个字符组成的字符串，表示今天的信息，格式与第二行相同。

输出

两天都被占用的停车位的数量。

3.2.1　一种新循环

我们可能有多达 100 个停车位，所以你可能不会惊讶于要使用循环。利用我们在解决“三个杯子”问题时学到的那种 for 循环，当然可以遍历一个停车位信息字符串：

```
>>> yesterday = 'CC.'
>>> for parking_space in yesterday:
...     print('The space is ' + parking_space)
...
The space is C
The space is C
The space is .
```

这告诉我们每个停车位昨天是否被占用。我们还需要知道每个停车位今天是否也被占用。

考虑一下这个测试用例：

```
3
CC.
.C.
```

第一个停车位昨天被占用了。该停车位在这两天都被占用吗？要回答这个问题，我们需要看一下今天的字符串中的相应字符。它是一个“.”（空停车位），所以这个停车位并不是这两天都被占用。

第二个停车位呢？这个停车位昨天也被占用了。而且，看一下今天字符串的第二个字符，它今天也被占用。因此，这是一个两天都被占用的停车位。这是唯一这样的停车位，测试用例的正确输出是 1。

循环遍历一个字符串的字符并不能帮助我们找到另一个字符串中的相应字符。然而，我们如果能够跟踪某个字符在字符串中的位置（在第一个停车位，在第二个停车位，等等），就可以从每个字符串中找到相应的字符。到目前为止，我们所学的 for 循环并不能这样做。做到这一点的方法是使用索引和一种新型的 for 循环。

3.2.2 索引

字符串中的每个字符都有一个索引，表示它的位置。第一个字符的索引是 0，第二个字符的索引是 1，以此类推。在自然语言中，我们经常从 1 开始计数，没有人说“hello 的 0 号位置的字符是 h”。但是对于很多编程语言，包括 Python，都是从 0 开始的。

为了使用索引，我们在字符串后面加上一个方括号括起来的索引。下面是一些索引的例子：

```
>>> word = 'splore'
>>> word[0]
's'
>>> word[3]
'o'
>>> word[5]
'e'
```

也可以使用变量作为索引：

```
>>> where = 2
>>> word[where]
'l'
>>> word[where + 2]
'r'
```

可以对一个非空字符串使用的最大索引值，是它的长度减去 1。例如，`'splore'`的长度是 6，所以索引 5 是它的最大索引值。再大一点，我们就会得到一个错误：

```
>>> word[len(word)]
Traceback (most recent call last):
  File "<stdin>", line 1, in <module>
IndexError: string index out of range
>>> word[len(word) - 1]
'e'
```

如何访问一个字符串的右起第二个字符？这样就可以了：

```
>>> word[len(word) - 2]
'r'
```

有一个更简单的方法。Python 支持负索引作为访问字符的另一种选择。索引-1 是最右边的字符，索引-2 是右边的第二个字符，以此类推：

```
>>> word[-2]
'r'
>>> word[-1]
'e'
>>> word[-5]
'p'
>>> word[-6]
's'
>>> word[-7]
Traceback (most recent call last):
  File "<stdin>", line 1, in <module>
IndexError: string index out of range
```

我们计划使用索引来访问昨天和今天的停车信息的相应位置。我们可以使用每个字符串的索引 0 来访问第一个停车位的信息，索引 1 来访问第二个停车位的信息，以此类推。在执行这个计划之前，我们需要学习一种新的 for 循环。

概念检查

以下代码的输出是什么？

```
s = 'abcde'
t = s[0] + s[-5] + s[len(s) - 5]

print(t)
```

A. aaa

B. aae

C. aee

D. 这段代码产生一个错误

答案：A。3 个索引中的每一个都是指'abcde'中的第一个字符。第一，s[0]指的是'a'，因为'a'是在字符串的索引 0 处。第二，s[-5]指的是'a'，因为'a'是右起第五个字符。第三，s[len(s)-5]指的是'a'，因为这个索引求值为 0，即 5（字符串的长度）减去 5。

3.2.3 循环的范围

Python 的 range 函数生成整数的范围，我们可以用这些范围来控制 for 循环。循环的范围不是通过字符串的字符控制，而是通过整数控制。如果向 range 提供一个实参，会得到一个范围，即从 0 到比该实参小 1：

```
>>> for num in range(5):
...     print(num)
...
0
1
2
3
4
```

请注意，没有输出5。

如果为 range 提供两个实参，会得到一个从第一个实参到第二个实参的序列，但不包括第二个实参：

```
>>> for num in range(3, 7):
...     print(num)
...
3
4
5
6
```

我们可以通过加入第三个实参，以不同的步长来计数。默认的步长是1，因此向上计数（即递增）1。让我们尝试一下其他的步长：

```
>>> for num in range(0, 10, 2):
...     print(num)
...
0
2
4
6
8
>>> for num in range(0, 10, 3):
...     print(num)
...
0
3
6
9
```

我们也可以向下计数，但不是像这样：

```
>>> for num in range(6, 2):
...     print(num)
...
```

这样是不行的，因为默认情况下，range 函数是向上计数的。如果步长为-1，我们就可以向下计数（即递减），一次下降1：

```
>>> for num in range(6, 2, -1):
...     print(num)
...
6
5
4
3
```

要从6倒数到0（含0），需要第二个实参的值为-1：

```
>>> for num in range(6, -1, -1):
...     print(num)
...
6
5
4
3
2
1
0
```

有时，在不编写循环代码的情况下，快速查看一个范围内的数字是很有帮助的。不幸的是，range 函数并不能直接向我们显示这些数字：

```
>>> range(3, 7)
range(3, 7)
```

我们可以将这个结果传递给 list 函数，得到想要的结果：

```
>>> list(range(3, 7))
[3, 4, 5, 6]
```

当通过 range 来调用 list 函数时，list 函数产生一个给定范围内的整数列表。我们将在后面学习所有关于列表的知识。现在，请记住 list 是诊断范围错误的一个辅助工具。

概念检查

下面的循环进行了多少次迭代？

```
for i in range(10, 20):
    # Some code here
```

A. 9

B. 10

C. 11

D. 20

答案：B。range 函数会逐一经过数字 10、11、12、13、14、15、16、17、18、19。这里有 10 个数字，因此循环进行了 10 次迭代。

3.2.4　范围用于循环遍历索引

假设我们有提供昨天和今天的停车位信息的字符串：

```
>>> yesterday = 'CC.'
>>> today = '.C.'
```

给定一个索引，我们可以查看该索引的昨天和今天的停车位信息：

```
>>> yesterday[0]
'C'
>>> today[0]
'.'
```

我们可以用一个带范围的 for 循环来处理每一对对应的字符。我们知道 yesterday 和 today 的长度是一样的。但是这个长度可以是 1～100 的任意长度，所以不能写成 range(3) 这样的形式。我们想用索引 0、1、2，以此类推，一直到字符串的长度减去 1。这可以用其中一个字符串的长度作为 range 的实参来实现：

```
>>> for index in range(len(yesterday)):
...     print(yesterday[index], today[index])
...
```

```
C .
C C
. .
```

此处把这个循环变量称为 index。其他常用的名字包括 i（index 的第一个字母）和 ind。现在开始，我将使用 i。

不要把这个循环变量命名为 status 或 information。这些名字意味着这个循环变量需要 'C' 和 '.' 值，而实际上它需要的是整数。

3.2.5　解决问题

有了带范围的 for 循环，我们就可以解决“已占用停车位”问题了。我们的策略是，从字符串的开头到结尾，循环遍历每个索引。我们可以在昨天和今天的停车位信息中检查每个索引的内容，使用嵌套的 if 语句，将确定该停车位在这两天是否被占用。

清单 3-3 是我们的解决方案。

清单 3-3：解决“已占用停车位”问题

```
n = int(input())
yesterday = input()
today = input()

❶ occupied = 0

❷ for i in range(len(yesterday)):
    ❸ if yesterday[i] == 'C' and today[i] == 'C':
        ❹ occupied = occupied + 1

print(occupied)
```

程序开始时读取 3 行输入：n 代表停车位的数量；yesterday 和 today 分别代表昨天和今天的停车位信息。

请注意，我们没有再引用停车位的数量 n。可以利用它来告诉我们字符串的长度，但我选择忽略它，因为这个值在现实生活中经常不被提供。

我们用 occupied 变量来计算昨天和今天都被占用的停车位的数量。我们让这个变量从 0 开始❶。

现在我们到了带范围的 for 循环，它在 yesterday 和 today 的有效索引中循环❷。针对每一个这样的索引，我们检查这个停车位昨天是否被占用、今天是否被占用❸。如果二者的结果都为“是”，就把这个停车位计入总数，让 occupied 增加 1❹。

当 for 循环结束时，我们就遍历了所有的停车位。昨天和今天都被占用的停车位的总数可以通过 occupied 变量来获取。剩下的就是输出这个总数。

这样就可以解决这个问题了。是时候向评测网站提交你的代码了。

3.3　问题 7：数据套餐

我们已经了解到，for 循环对于从输入读取数据后的处理非常有用。它们对读取数据本身也很有用。在这个问题中，我们将处理分散在许多行中的数据，并使用 for 循环来帮助我们读取所有数据。

这是 DMOJ 上代码为 coci16c1p1 的问题。

挑战

佩罗使用了手机供应商的一个数据套餐，每月为他提供 x 兆字节（MegaByte，MB）的可用数据量。此外，他在某个月没有使用的数据量会结转到下个月。例如，如果 x 是 10，而佩罗在某个月只用了 4 MB 数据，那么剩下的 6 MB 就会结转到下个月（他现在有 10 + 6 = 16 MB 数据可用）。

我们得到了佩罗在前 n 个月中每个月使用了多少 MB 的数据。我们的任务是确定佩罗下个月的可用数据量。

输入

输入由以下几行组成。

- 一行包含整数 x，即每月给佩罗的可用数据量（以 MB 为单位），x 的取值范围为 1～100。
- 一行包含整数 n，即佩罗已使用该数据套餐的月数，n 的取值范围为 1～100。
- n 行，每个月一行，给出佩罗在该月使用的数据量。每个数字至少为 0，并且永远不会超过可用数据量（例如，如果 x 是 10，而佩罗目前有 30 MB 的可用数据，那么下一个数字将最多是 30）。

输出

下个月的可用数据量，以 MB 为单位。

3.3.1　循环读取输入

到目前为止，在我们所有的问题中，都确切地知道要从输入中读取多少行。例如，在“三个杯子”问题中，我们读取 1 行；在“已占用停车位”问题中，我们读取 3 行。在“数据套餐”问题中，我们预先并不知道要读多少行，因为这取决于从第二行读出的数字。

我们可以读取第一行的输入：

```
monthly_mb = int(input())
```

（我使用了变量名称 monthly_mb 而不是 x，让它更有意义）。

我们可以读取第二行的输入：

```
n = int(input())
```

如果没有循环，我们就不能再读了。带范围的 for 循环很适合在这里使用，因为我们可以用它来精确地循环 n 次：

```
for i in range(n):
    # Process month
```

3.3.2 解决问题

我解决这个问题的策略是跟踪从前几个月结转的可用数据量。我称之为余量。

考虑这个测试用例：

```
10
3
4
12
1
```

在每个月，佩罗获得 10 MB 可用数据，我们必须处理他在已知的 3 个月内使用的数据。在第一个月，佩罗获得了 10 MB，使用了 4 MB，所以结转的余量是 6 MB。在第二个月，佩罗又获得了 10 MB，所以现在他总共有 16 MB。这个月他用了 12 MB，所以结转的余量是 16–12 = 4 MB。在第三个月，佩罗又得到了 10 MB，所以现在他总共有 14 MB。这个月他用了 1 MB，所以结转的余量是 14–1 = 13 MB。

我们需要知道佩罗在下个月（也就是第四个月）的可用数据量。前 3 个月结转 13 MB，而且他照例会获得 10 MB，所以他有 13 + 10 = 23 MB 可用数据。

我最初根据这个解释去写代码时，忘了加上这最后的 10 MB，所以输出是 13 而不是 23。我只关注了余量，忘了我们需要的不是进入下个月的余量，而是可用的总数据量。这个总数等于余量加上每个月佩罗获得的可用数据量。

参见清单 3-4 中的代码，我已经更正了其中的疏漏。

清单 3-4：解决“数据套餐”问题

```
monthly_mb = int(input())
n = int(input())

excess = 0

❶ for i in range(n):
      used = int(input())
    ❷ excess = excess + monthly_mb - used

❸ print(excess + monthly_mb)
```

excess 变量从 0 开始。在带范围的 for 循环的每次迭代中，我们给 excess 赋值，考虑到每月获得的数据量和该月使用的数据量。

带范围的 for 循环迭代 n 次，针对佩罗已用数据套餐的每个月迭代一次❶。我们对 i 的值不感兴趣，因为我们没有理由关心正在处理的是哪个月。出于这个原因，我们在程序中不使用 i 的值。可以用_（下线）来代替 i，以明确表示“不在乎”该变量，但为了与其他例子保持一致，我还是使用 i。

在带范围的 for 循环中，我们读取这个月使用的数据量。然后，我们更新余量❷，即用之前的数值加上佩罗每月得到的数据量，再减去佩罗本月使用的数据量。

在计算了 n 个月后的余量后，我们报告下个月可用的数据量❸。

总是有多种方法来解决一个问题。编程是创造性的，我喜欢观察人们想出的一系列解决策略。即使你已经成功地解决了一个问题，也不妨在谷歌上搜索一下这个问题，学习一下别人是如何解决的。此外，一些在线评测网站，如 DMOJ，允许你在解决了问题后查看其他人提交的代码。对于通过所有测试用例的代码，看看那些程序员的做法是否与你不同。对于那些未能通过某些测试用例的代码，看看这些代码有什么问题。阅读别人的代码是提高你自己的编程水平的一个好方法！

你能想出另一种解决“数据套餐”问题的方法吗？

这里有一个提示：你可以先计算出佩罗得到的总数据量，然后减去他使用的数据量。我鼓励你在继续阅读之前，花些时间研究一下如何做到这一点！

佩罗获得的数据量，包括下个月获得的数据量，是 x*(n + 1)，其中 x 是每月获得的数据量。为了确定下个月可用的数据量，我们可以从这个总数开始，依次减去佩罗每个月使用的数据量。这个策略的代码是清单 3-5。

清单 3-5：解决“数据套餐”问题的另一种方法

```
monthly_mb = int(input())
n = int(input())

total_mb = monthly_mb * (n + 1)

for i in range(n):
    used = int(input())
    total_mb = total_mb - used

print(total_mb)
```

选择你更喜欢的解决方案，然后提交给评测网站。

对一个人来说很直观的东西，对另一个人来说可能并不直观。你可能读了一个解释或代码，却无法理解它。这并不意味着你不够聪明。它只意味着你需要一种与你目前的思维更接近的表述方式。你也可以标记出困难的解释和例子，以便以后复习。经过进一步练习后，你可能会觉得它们很有用，令人惊讶。

3.4　小结

在本章中，我们学习了 for 循环。标准 for 循环是对一个序列中的字符进行循环，带范围的 for 循环是对一个范围内的整数进行循环。我们解决的每个问题都需要处理许多输入，如果没有循环，就无法处理这些问题。

当你需要代码重复指定次数的时候，for 循环是首选。Python 还有一种类型的循环，我们将在第 4 章学习如何使用它。除了 for 循环，我们为什么还需要其他的东西呢？for 循环不能做什么？好问题！我现在要告诉你的是：为了迎接下来的内容，练习 for 循环是一个好方法。

3.5　练习

这里有一些练习供你尝试。

1. DMOJ 上代码为 wc17c3j3 的问题：Uncrackable。
2. DMOJ 上代码为 coci18c3p1 的问题：Magnus。
3. DMOJ 上代码为 ccc11s1 的问题：English or French。
4. DMOJ 上代码为 ccc11s2 的问题：Multiple Choice。
5. DMOJ 上代码为 coci12c5p1 的问题：Ljestvica。
6. DMOJ 上代码为 coci13c3p1 的问题：Rijeci。
7. DMOJ 上代码为 ccc18c4p1 的问题：Elder。

3.6 备注

“三个杯子”问题来自 2006 年克罗地亚信息学公开赛第 5 轮。“已占用停车位”问题来自 2018 年加拿大计算机竞赛初级组。“数据套餐”问题来自 2016 年克罗地亚信息学公开赛第 1 轮。

第 4 章

重复代码：不定循环

我们在第 3 章中学习了 for 循环和带范围的 for 循环，它们对于循环处理一个字符串或一个索引范围是很方便的。但是，如果没有字符串，或者索引不遵循固定模式，该怎么办呢？我们可以使用 while 循环，这也是本章的主题。while 循环比 for 循环更通用，可以处理 for 循环无法处理的情况。

我们将解决 for 循环不能解决的 3 个问题：确定游戏机可以玩的次数，组织一个歌曲播放列表直到用户想停止，以及解码信息。

4.1 问题 8：游戏机

游戏机可以玩多少次才会用光游戏币？这是一个微妙的问题，它不仅取决于我们的起始资金，还取决于玩时机器设定的模式。我们会看到，对于这种情况，我们需要一个 while 循环，而不是 for 循环。

这是 DMOJ 上代码为 ccc00s1 的问题。

挑战

玛莎去了一家游戏厅，购买了 *n* 枚游戏币。她按顺序玩 3 台游戏机，直到用光所有的游戏币。也就是说，她先玩第一台游戏机，然后玩第二台，再玩第三台，然后回到第一台，再玩第二台，如此循环。每次玩都要花一个游戏币。

游戏机按照以下规则运作。

- 第一台游戏机每玩 35 次就吐出 30 个游戏币。
- 第二台游戏机每玩 100 次就吐出 60 个游戏币。
- 第三台游戏机每玩 10 次就吐出 9 个游戏币。
- 其他情况下都不吐币。

请确定玛莎在用光游戏币之前玩的次数。

输入

输入由 4 行组成。

- 第一行包含一个整数 *n*，即玛莎购买游戏币的数量，*n* 的范围为 1～1000。

- 第二行包含一个整数，表示第一台游戏机自上次吐币后被玩过的次数。本题中，“玩过的次数”都发生在玛莎到达之前，玛莎开始玩时，会在该次数的基础上继续计数。例如，假设第一台游戏机自上次吐币后已经被玩了 34 次，那么，玛莎第一次玩的时候就会赢 30 个游戏币。
- 第三行包含一个整数，表示第二台游戏机自上次吐币后被玩过的次数。
- 第四行包含一个整数，表示第三台游戏机自上次吐币后被玩过的次数。

输出

输出以下句子，并将其中的 x 替换为玛莎在用光游戏币之前玩的次数：

```
Martha plays x times before going broke.
```

4.1.1 探索一个测试用例

让我们通过一个例子来将这个问题的相关信息解释清楚。下面是我们要使用的测试用例：

```
7
28
0
8
```

为了仔细跟踪玛莎玩的次数，我们需要跟踪 6 项信息。使用表格将信息整合起来表示会很方便。下面是表格的各列。

次数：玛莎玩过的游戏机的次数。

游戏币数：玛莎拥有的游戏币的数量。

下一次玩：玛莎下一次要玩的游戏机。

一台次数：第一台游戏机自从上次吐币后被玩过的次数。

二台次数：第二台游戏机自从上次吐币后被玩过的次数。

三台次数：第三台游戏机自从上次吐币后被玩过的次数。

一开始，玛莎已经玩了 0 台游戏机，她有 7 个游戏币，接下来她将玩第一台游戏机。第一台游戏机自上次吐币后已经被玩了 28 次，第二台自上次吐币后已经被玩了 0 次，第三台自上次吐币后已经被玩了 8 次。此时的状态如表 4-1 所示。

表 4-1 游戏机状态（一）

次数	游戏币数	下一次玩	一台次数	二台次数	三台次数
0	7	一	28	0	8

玛莎开始玩第一台游戏机。这要用掉一个币。这是这台机器自上次吐币后的第 29 次，而不是第 35 次，所以游戏机没有吐币给玛莎。玛莎接下来将玩第二台游戏机。新状态如表 4-2 所示。

表 4-2 游戏机状态（二）

次数	游戏币数	下一次玩	一台次数	二台次数	三台次数
1	6	二	29	0	8

玩第二台游戏机要用掉一个币。这是这台机器自上次吐币后的第1次，而不是第100次，所以这台游戏机没有吐币给玛莎。玛莎接下来将玩第三台游戏机。新状态如表4-3所示。

表4-3 游戏机状态（三）

次数	游戏币数	下一次玩	一台次数	二台次数	三台次数
2	5	三	29	1	8

玩第三台游戏机要用掉一个币。这是这台机器自上次吐币后的第9次，而不是第10次，所以这台游戏机没有吐币给玛莎。接下来，玛莎将回到第一台游戏机。新状态如表4-4所示。

表4-4 游戏机状态（四）

次数	游戏币数	下一次玩	一台次数	二台次数	三台次数
3	4	一	29	1	9

现在玛莎玩第一台游戏机（如表4-5所示）。

表4-5 游戏机状态（五）

次数	游戏币数	下一次玩	一台次数	二台次数	三台次数
4	3	二	30	1	9

然后玛莎玩第二台游戏机（如表4-6所示）。

表4-6 游戏机状态（六）

次数	游戏币数	下一次玩	一台次数	二台次数	三台次数
5	2	三	30	2	9

玛莎几乎没有游戏币了！但好消息来了，因为她接下来要玩的是第三台游戏机。这台机器自上次吐币后已经被玩了9次，下一次就是第10次。因此，这台机器给了玛莎9个币。玛莎本有2个游戏币，付了1个游戏币来玩这个机器，然后得到了9个游戏币，所以她在玩完这个机器后会有10（即2–1＋9）个游戏币，如表4-7所示。

表4-7 游戏机状态（七）

次数	游戏币数	下一次玩	一台次数	二台次数	三台次数
6	10	一	30	2	0

请注意，第三台游戏机自上次吐币后，现在已经被玩了0次。

到目前为止，玛莎一共玩了6次。我鼓励你继续追踪。你应该看到，玛莎再也没有得到吐币，再玩10次后（总共玩了16次），玛莎就用光游戏币了。

4.1.2 for循环的局限性

在第3章中，我们研究了for循环。标准的for循环是通过一个序列进行的，如一个字符串。我们在“游戏机”问题中当然没有字符串。

带范围的for循环是通过一个整数的范围进行的，可以用来迭代指定的次数。但是我们应该为游戏机迭代多少次？10次？50次？谁知道呢。这取决于玛莎在用完游戏币之前能玩多少次。

我们没有字符串，也不知道需要迭代的次数。如果只用 for 循环，很难进行下去。

我们可以使用 while 循环，这是 Python 提供的通用的循环结构。我们可以编写与字符串或整数序列无关的 while 循环。由于 while 循环的灵活性，我们需要在写循环时更小心，并承担更多的责任。开始学习吧！

4.1.3 while 循环

为了写一个 while 循环，我们使用 Python 的 while 语句。while 循环由一个布尔表达式来控制。如果布尔表达式为 `True`，那么 Python 将执行一次迭代；如果表达式仍然为 `True`，那么 Python 将再执行一次迭代，以此类推，直到布尔表达式为 `False`。如果布尔表达式在一开始就是 `False`，那么循环根本就不运行。

while 循环是不定循环：我们事先可能不知道迭代的次数。

使用 while 循环

我们从下面这个 while 循环的例子开始：

```
❶ >>> num = 0
❷ >>> while num < 5:
   ...     print(num)
❸ ...     num = num + 1
   ...
   0
   1
   2
   3
   4
```

在 for 循环中，循环变量是自动创建的，我们不需要在循环之前使用赋值语句来创建变量。但 while 循环不会自动创建变量。我们如果需要一个变量在 while 循环中循环取值，就必须自己创建这个变量。在这里，我们让 `num` 在循环之前代表 0❶。

while 循环本身是由布尔表达式 `num < 5` 控制的❷。如果 `num < 5` 是 `True`，那么循环语句块中的代码将运行。现在，`num` 为 0，所以布尔表达式是 `True`。因此，循环语句块会运行。它输出 0，然后将 `num` 增加到 1❸。

我们跳回到循环的顶端，再次求值 `num < 5` 的布尔表达式。`num` 为 1，所以该表达式为 `True`。因此，循环语句块再次运行。它输出 1，然后将 `num` 增加到 2。

回到循环的顶端：`num < 5` 仍然是 `True` 吗？是的，因为 `num` 为 2。这就启动了循环的另一次迭代，它输出 2 并将 `num` 增加到 3。

这个模式继续下去，还有两次循环迭代：一次 `num` 为 3，另一次 `num` 为 4。当 `num` 为 5 时，`num < 5` 的布尔表达式终于为 `False`，这就终止了这个循环。

重要的是，我们要记得让 `num` 的值增加❸。一个 for 循环会自动地通过适当的值对循环变量进行处理。但是，while 循环不会自动这样做，我们必须自己更新变量，使我们越来越接近循环的终止。如果忘记增加 `num` 的值，就会发生这种情况：

```
>>> num = 0
>>> while num < 5:
```

```
...     print(num)
...
0
0
0
0
0
0
0
0
```

代码会持续地输出 0。

如果你在计算机上运行这段代码，屏幕上将充满 0，你将不得不终止程序。可以按 Ctrl+C 组合键或关闭 Python 窗口来做到这一点。

问题在于 `num < 5` 永远是 `True`，循环中没有任何语句可以让它变成 `False`。这种情况（一个循环永远不会终止）被称为无限循环。不小心产生无限循环是非常容易的。如果你看到相同的数值重复出现，或者程序看起来像根本没做任何事情，程序就很可能是陷入了一个无限循环。请仔细检查 while 循环的布尔表达式，以及循环语句块是否正在向着终止方向发展。

我们可以对 `num` 变量做任何想做的事情。下面是一个使用 while 循环输出公差为 3 的等差数列的例子：

```
>>> num = 0
>>> while num < 10:
...     print(num)
...     num = num + 3
...
0
3
6
9
```

下面是从 4 到 0 倒数的 while 循环：

```
  >>> num = 4
❶ >>> while num >= 0:
...     print(num)
...     num = num - 1
...
4
3
2
1
0
```

注意，我在这里使用了>=，而不是 > ❶。这样，当 `num` 为 0 时，while 循环会如愿运行。

概念检查

以下代码的输出是什么？

```
n = 3
while n > 0:
    if n == 5:
        n = -100
    print(n)
    n = n + 1
```

A.

```
3
4
```

B.

```
3
4
5
```

C.

```
3
4
-100
```

D.

```
3
4
5
-100
```

答案：C。while 循环的布尔表达式只在每次迭代开始时检查。即使它在迭代过程中的某个时刻变成 False，迭代的剩余部分也会完成。

当 3 大于 0 时，循环的一个迭代就会运行。if 语句块被跳过（因为它的布尔表达式是 False），所以这次迭代输出 3，并将 n 设为 4。由于 4 大于 0，我们又进行了一次迭代，这次输出 4，并将 n 设为 5。由于 5 大于 0，我们又进行了一次迭代。这一次，n 被设置为 -100。接下来，-100 被输出，而 n 被设置为-99。在这里循环停止，因为 n > 0 是 False。

4

概念检查

以下代码的输出是什么？

```
x = 6
while x > 4:
    x = x - 1
    rint(x)
```

A.

```
6
5
```

B.

```
6
5
4
```

C.

```
5
4
```

D.

```
5
4
3
```

E.

```
6
5
4
3
```

答案：C。许多 while 循环都是先做某事，然后更新循环变量，但这个循环不是。这个循环首先递减循环变量 x，然后输出它。由于 6 大于 4，循环的一个迭代运行，它把 5 赋值给 x，然后输出 5。接下来，5 大于 4，所以我们又进行了一次迭代，这一次将 4 赋值给 x，然后输出 4。4 不比 4 大，所以循环结束了。

循环中的嵌套循环

可以在 while 循环中嵌套循环，就像可以在 for 循环中嵌套循环一样。在 3.3 节中，我指出内层 for 循环在外层循环的下一次迭代开始之前完成了所有的迭代。这也适用于 while 循环。下面是一个例子：

```
>>> i = 0
>>> while  i < 3:
...     j = 8
...     while  j  < 11:
...         print(i, j)
...         j = j + 1
...     i = i + 1
...
0 8
0 9
0 10
1 8
1 9
1 10
2 8
2 9
2 10
```

i 的每个值都涉及 3 行输出，内部 j 循环的每个迭代都有一行。

概念检查

下面的嵌套循环会输出多少行？

```
x = 0
y = 1
while x < 3:
    while y < 3:
        print(x, y)
        y = y + 1
    x = x + 1
```

A. 2
B. 3
C. 6
D. 8
E. 9

答案：A。外层循环的布尔表达式（x < 3）是 True，所以我们执行外层循环的迭代。这导致了内层循环的两次迭代：一次是当 y 为 1 时，另一次是当 y 为 2 时，每一次都会输出一行。所以到目前为止有两行输出。

但是代码中没有任何内容可以重置 y 的值！因此，y < 3 将不再是 True，而且不会有任何进一步的内层循环迭代。

在处理嵌套的 while 循环时，忘记重置一个循环变量是一个常见的错误。

添加布尔操作符

为了解决“游戏机”问题，我们要在玛莎至少有一个游戏币时进行循环。看起来像这样：

```
while coins >= 1:
```

这个简单的布尔表达式就足以解决这个问题。就像 if 语句一样，while 后面的布尔表达式可以包括逻辑或布尔操作符。这里有一个例子：

```
>>> x = 4
>>> y = 10
>>> while x <= 10 and y <= 13:
...     print(x, y)
...     x = x + 1
...     y = y + 1
...
4 10
5 11
6 12
7 13
```

while 循环是由布尔表达式 x <= 10 和 y <= 13 控制的。与任何操作符一样，它的两个操作数必须都是 True，整个表达式才是 True。当 x 为 8、y 为 14 时循环结束，因为 y <= 13 是 False。

4.1.4 解决问题

要解决“游戏机”问题，我们需要使用 while 循环而不是 for 循环，因为我们无法提前预测迭代的次数。循环的每次迭代都代表玩某台游戏机。循环结束时，玛莎将用完游戏币，程序输出她玩过的次数。

下面是每次迭代中要做的事。

- 将玛莎的游戏币数减少 1（因为玩游戏机要用掉一个游戏币）。
- 如果玛莎目前在第一台游戏机上，就玩这台机器。

- 这涉及增加这台机器被玩过的次数。如果这是第 35 次玩，那么吐币给玛莎，并将该机器的已玩次数重置为 0。
- 如果玛莎目前在第二台游戏机上，就玩这台机器（与我们玩第一台机器的方法类似）。
- 如果玛莎目前在第三台游戏机上，就玩这台机器（与我们玩第一台机器的方法类似）。
- 增加玛莎的游戏次数（因为我们刚刚玩了一台游戏机）。
- 转到下一台机器。如果玛莎刚玩了第一台机器，则要移到第二台；如果她刚玩了第二台，则要移到第三台；如果她刚玩了第三台，则要循环回到第一台。

我们的程序现在越来越长了，所以像我刚才那样编写计划纲要是一种有用的技术，可以控制住复杂度，引导我们编写正确的代码。我们可以用纲要来确保遵循计划，防止忘记一些步骤。

代码在清单 4-1 中。

清单 4-1：解决“游戏机”问题

```
coins = int(input())
first = int(input())
second = int(input())
third = int(input())

plays = 0
❶ machine = 0

❷ while coins >= 1:
    ❸ coins = coins - 1

    ❹ if machine == 0:
          first = first + 1
       ❺ if first == 35:
            first = 0
            coins = coins + 30
    elif machine == 1:
       second = second + 1
       if second == 100:
            second = 0
            coins = coins + 60
    elif machine == 2:
        third = third + 1
        if third == 10:
            third = 0
            coins = coins + 9

❻ plays = plays + 1
❼ machine = machine + 1
❽ if machine == 3:
      machine = 0

print('Martha plays', plays, 'times before going broke.')
```

coins 变量跟踪玛莎拥有的游戏币数量。first、second 和 third 变量分别跟踪第一台游戏机、第二台游戏机和第三台游戏机自上次吐币后已被玩的次数。

machine 变量跟踪玛莎接下来要玩的游戏机。第一台游戏机用数字 0 指代，第二台游戏机用数字 1 指代，第三台游戏机用数字 2 指代。因此，让 machine 指向 0 表示下一步玛莎将玩第一台游戏机❶。

我们本可以用 1、2、3 来指代游戏机，而不是用 0、1 和 2。或者我们可以使用字符串'first'、'second'和'third'。但是从 0 开始给数据项编号是一种惯例，所以我在这里就这样做了。

这个程序的最后一个变量是 plays，它跟踪玛莎玩过的游戏机的次数。一旦玛莎的游戏币用完了，我们就输出这个变量。

程序的大部分由一个 while 循环组成，只要玛莎还有游戏币就会循环下去❷。

循环的每一次迭代都会有玩一台游戏机的步骤。因此，我们做的第一件事就是把玛莎的游戏币数减少 1❸。接下来，我们玩当前的游戏机。

我们在 0 号游戏机上、1 号游戏机上，还是 2 号游戏机上？我们需要一个 if 语句来回答这个问题。

我们首先检查是否在 0 号游戏机上❹。如果是，就把这台游戏机吐币后玩的次数增加 1。为了确定玛莎是否得到吐币，我们再检查这台机器自上次吐币后是否正好被玩了 35 次❺。如果是，我们就把这台机器的次数重置为 0，并把玛莎的游戏币增加 30 个。

这里有几层嵌套，所以要花些时间来说服自己相信代码的逻辑是正确的。特别是要注意，每当我们玩 0 号游戏机时，就会将它的已被玩次数增加 1，但它只在每玩 35 次后吐币给玛莎——这就是为什么我们有内部的 if 语句❺！

我们处理 1 号游戏机和 2 号游戏机就像处理 0 号游戏机一样。但每台游戏机吐币给玛莎所需的被玩次数不同，吐币的数量也不同。

在玩过一台游戏机后，我们将玛莎玩的次数增加 1❻。现在要做的就是让玛莎移动到下一台机器上，这样如果有下一次的循环，玛莎就会在正确的机器上。

为了移动到下一台机器，我们将 machine 增加 1❼。如果我们在 0 号游戏机上，就将移到 1 号游戏机。如果我们在 1 号游戏机上，就将移到 2 号游戏机。如果我们在 2 号游戏机上，就将移到 3 号游戏机……

3 号游戏机？根本就没有 3 号游戏机！如果我们刚刚玩了 2 号游戏机，就要从 0 号游戏机重新开始。为了做到这一点，我们添加一个检查：如果遇到了 3 号游戏机❽，那么我们知道玛莎刚才玩了 2 号游戏机，所以将 machine 重置为 0 号游戏机。

循环结束时，我们知道玛莎已经没有游戏币了。作为最后一步，我们输出要求的句子，包括玛莎玩的次数。

这段代码有很多内容：程序在玛莎没有游戏币的时候停止、保持对当前机器的跟踪、在适当的时候模拟游戏机向玛莎吐币、计算玛莎玩过的次数。你现在可以提交这段代码了，但也要考虑你是否会用不同的方式来写它的一部分。如果你在循环的顶部而不是底部将 plays 增加 1，会发生什么？在循环的顶部或底部减少 coins 有什么区别？你是否会使用新的变量来记录玛莎玩每台游戏机的次数，而不是修改 first、second 和 third？我强烈鼓励你根据这些想法进行试验。如果你做了修改后，代码不再能通过测试，那太好了！现在你有了一个新的学习机会来修复代码，从而理解为什么你的修改会导致行为不符合预期。

接下来我们对代码进行进一步的完善。我们将使用%操作符来减少需要的变量数量，并学习用“f 字符串”来简化产生字符串的方法。

模操作符

在 1.3.2 小节中，我介绍了计算整数除法余数的模（%）操作符。例如，16 除以 5 的余数是 1：

```
>>> 16 % 5
1
```

15 除以 5 的余数为 0（因为 5 正好整除 15）：

```
>>> 15 % 5
0
```

第二个操作数决定了%可能返回的值的范围。可能的返回值在 0 和第二个操作数间（但不包括第二个操作数）。例如，如果第二个操作数是 3，那么%可以返回的值就只有 0、1 和 2。此外，增加第一个操作数时，我们会循环遍历所有可能的返回值。下面是一个例子：

```
>>> 0 % 3
0
>>> 1 % 3
1
>>> 2 % 3
2
>>> 3 % 3
0
>>> 4 % 3
1
>>> 5 % 3
2
>>> 6 % 3
0
>>> 7 % 3
1
```

请注意这个循环：0、1、2、0、1、2……

这种行为可以让变量增加到一个指定的数字后自动回到 0。而上面的循环正可以用来代表玩游戏机的顺序：0 号、1 号、2 号、0 号、1 号、2 号、0 号、1 号……这也是用 0、1、2 而不是其他值来指代游戏机的一个原因。

假设变量 `plays` 指的是玛莎玩过游戏机的次数。为了确定下一个要玩的机器（0、1 或 2），我们可以使用%操作符。例如玛莎到目前为止已经玩了一台游戏机，我们想知道她接下来会玩哪一台游戏机。她接下来会玩 1 号游戏机，%操作符告诉我们：

```
>>> plays = 1
>>> plays % 3
1
```

如果玛莎到目前为止已经玩了 6 次，那么她玩的游戏机分别是 0、1、2、0、1、2。她下一次要玩的是 0 号游戏机。她已经玩了所有机器两轮，除了 0 号游戏机外没有其他选择，所以%操作符给出了 0：

```
>>> plays = 6
>>> plays % 3
0
```

作为最后一个例子，假设玛莎到目前为止已经玩了 11 次。她已经历了 3 个完整的循环：0、1、2、0、1、2、0、1、2。玩过这 9 次后，玛莎还玩了 2 次。因此玛莎在 2 号游戏机上进行下一次游戏：

```
>>> plays = 11
>>> plays % 3
2
```

也就是说，我们可以在不明确维护 machine 变量的情况下找出玛莎要玩的游戏机。

我们还可以用%来简化确定当前游戏机在下一次游戏是否会吐币给玛莎的逻辑。考虑一下第一台游戏机。在清单 4-1 中，我们计算了该游戏机自吐币后已被玩的次数。如果这个数字是 35，游戏机就吐币给玛莎，程序将计数重置为 0。如果我们使用%操作符，程序就不需要重置计数。我们只需检查游戏机是否被玩过 35 次的倍数，如果是，游戏机就吐币给玛莎。为了测试一个数字是否是 35 的倍数，可以使用%操作符。如果一个数字除以 35 没有余数，它就是 35 的倍数：

```
>>> first = 35
>>> first % 35
0
>>> first = 48
>>> first % 35
13
>>> first = 70
>>> first % 35
0
>>> first = 175
>>> first % 35
0
```

我们可以检查 first % 35 == 0，以确定游戏机是否吐币给玛莎。我更新了清单 4-1，使用了%操作符。新的代码在清单 4-2 中。

清单 4-2：使用模操作符解决“游戏机”问题

```
coins = int(input())
first = int(input())
second = int(input())
third = int(input())

plays = 0


while coins >= 1:
❶ machine = plays % 3
  coins = coins - 1

  if machine == 0:
      first = first + 1
   ❷ if first % 35 == 0:
          coins = coins + 30
   elif machine == 1:
       second = second + 1
       if second % 100 == 0:
           coins = coins + 60
   elif machine == 2:
       third = third + 1
```

```
        if third % 10 == 0:
            coins = coins + 9

    plays = plays + 1

print('Martha plays', plays, 'times before going broke.')
```

我们目前在两处使用了%：根据玩的次数确定当前的机器❶，以及确定玛莎是否在某次玩后得到吐币（如❷）。

总将%与除法联系起来会掩盖操作符本身的灵活性。每当你需要循环计数（如 0、1、2、0、1、2……）时，请考虑是否可以使用%来简化代码。

f 字符串

在“游戏机”问题的解决方案中，我们做的最后一件事是输出所需的句子，像这样：

```
print('Martha plays', plays, 'times before going broke.')
```

我们必须记住结束第一个字符串，这样我们就可以输出玩的次数，然后针对后半部分的内容开始一个新字符串。此外，我们使用多个参数来输出，以避免将 plays 转换为字符串。如果我们要存储结果字符串而不是输出它，就需要使用 str 转换：

```
>>> plays = 6
>>> result = 'Martha plays ' + str(plays) + ' times before going broke.'
>>> result
'Martha plays 6 times before going broke.'
```

把字符串和整数“粘”在一起，对于这样一个简单的句子来说是可行的，但它不能扩展。下面是我们试图嵌入 3 个整数而不是 1 个整数时的情况：

```
>>> num1 = 7
>>> num2 = 82
>>> num3 = 11
>>> 'We have ' + str(num1) + ', ' + str(num2) + ', and ' + str(num3) + '.'
'We have 7, 82, and 11.'
```

记住由这么多引号、加号和空格组成的表达式有些麻烦。

要建立一个由字符串和数字组成的字符串，最灵活的方法是使用 f 字符串（f-string）。下面是前面的例子中使用 f 字符串的情况：

```
>>> num1 = 7
>>> num2 = 82
>>> num3 = 11
>>> f'We have {num1}, {num2}, and {num3}.'
'We have 7, 82, and 11.'
```

注意字符串开头的引号前的 f。f 代表格式（format），因为 f 字符串允许你对字符串的内容进行格式化。在 f 字符串中，我们可以将表达式放在大括号内。在构建字符串的过程中，每个表达式都被其值所取代，并被插入字符串中。其结果只是一个普通的字符串，这里没有新的类型：

```
>>> type(f'hello')
<class 'str'>
>>> type(f'{num1} days')
```

```
<class 'str'>
```

大括号中的表达式可以比单纯的变量名更复杂：

```
>>> f'The sum is {num1 + num2 + num3}'
'The sum is 100'
```

我们可以在“游戏机”程序的最后一行使用 f 字符串。下面是这样的情况：

```
print(f'Martha plays {plays} times before going broke.')
```

即使是在这种最简单的字符串格式的情况下，我也认为 f 字符串能提升代码的清晰度。记住它们，以便在你发现自己要用较小的片段构建一个字符串时使用。

关于 f 字符串的一个警告：它们是在 Python 3.6 中添加的，在本书写作时，这是 Python 的一个相当新版本。在旧版本的 Python 中，f 字符串会导致语法错误。

如果你使用 f 字符串，一定要检查你要提交的评测网站是否在使用 Python 3.6 以上的版本来测试你的代码。

在继续阅读之前，你可能想尝试解决本章的练习 1。

4.2　问题 9：歌曲播放列表

有时我们事先不知道程序会提供多少输入。在这个问题中，在这种情况下，我们需要一个 while 循环。

这是 DMOJ 上代码为 ccc08j2 的问题。

挑战

我们有 5 首喜欢的歌曲，分别将其命名为 A、B、C、D、E，我们为这些歌曲创建了一个播放列表，并使用一个应用程序来管理这个播放列表。这些歌曲按照 A、B、C、D、E 的顺序依次播放。应用程序中有 4 个按钮。

- 按钮 1：将播放列表的第一首歌曲移到播放列表的最后。例如，如果播放列表目前是 A、B、C、D、E，那么它就变为 B、C、D、E、A。
- 按钮 2：将播放列表的最后一首歌曲移到播放列表的开头。例如，如果播放列表目前是 A、B、C、D、E，那么它就会变为 E、A、B、C、D。
- 按钮 3：交换播放列表的前两首歌曲。例如，如果目前的播放列表是 A、B、C、D、E，那么它将变为 B、A、C、D、E。
- 按钮 4：播放该播放列表！

我们得到了一个用户按按钮的列表。当用户按下按钮 4 时，输出播放列表中歌曲的顺序。

输入

输入由成对的行组成，一对中的第一行给出一个按钮的编号（1、2、3 或 4），第二行给出用户按下这个按钮的次数（1～10）。也就是说，第一行是一个按钮的编号，第二行是它被按下的次数，第三行是一个按钮的编号，第四行是它被按下的次数，以此类推。输入用以下两行结束：

```
4
1
```

这表示用户按了 1 次按钮 4。

输出

所有按钮被按下后播放列表中歌曲的顺序。输出必须在一行，每两首歌曲之间有一个空格。

4.2.1　字符串切片

我们对“歌曲播放列表”问题的解决方案的高层计划是一个 while 循环，只要没有发现 4 号按钮被按下，while 循环就一直进行。在每次迭代中，我们读取两行输入并处理它们。这就导致了这样的结构：

```
❶ button = 0

while button != 4:
    # Read button
    # Read number of presses
    # Process button presses
```

在 while 循环之前，我们创建了变量 `button`，并使它指向数字 0❶。如果不这样做，`button` 变量将不存在，我们会在 while 循环的布尔表达式中得到“NameError”的结果。除了 4 以外的任何数字在这里都可以触发循环的第一次迭代。

在这个 while 循环中，我们用一个 for 循环来处理按下的按钮。对于每个按钮，我们将使用 if 语句来检查哪个按钮被按下。我们需要 4 个在 if 语句中的缩进语句块，4 个按钮各对应一个。

我们来谈谈如何处理每个按钮。按钮 1 用于将播放列表的第一首歌曲移到播放列表的最后。因为歌曲的数量少而且已知，所以我们可以用字符串索引来连接每个字符。记住，字符串的第一个字符的索引是 0，而不是 1。我们可以像这样把这个字符放在字符串的末尾：

```
>>> songs = 'ABCDE'
>>> songs = songs[1] + songs[2] + songs[3] + songs[4] + songs[0]
>>> songs
'BCDEA'
```

这很不方便，而且是针对正好有 5 首歌的情况。我们可以使用字符串切片来编写更通用、更不容易出错的代码。

切片是 Python 的一个特性，它让我们可以引用一个字符串的子串（事实上，它适用于任何序列，正如我们将在本书后面看到的那样）。它需要两个索引：开始的索引，以及结束的索引右边的一个索引。例如，使用索引 4、8，我们就可以得到索引 4、5、6、7 的字符。切片使用方括号表示，两个索引之间有一个冒号：

```
>>> s = 'abcdefghijk'
>>> s[4:8]
'efgh'
```

切片并不改变 `s` 所指的内容。我们可以使用赋值语句，从而使 `s` 指代切片：

```
>>> s
'abcdefghijk'
>>> s = s[4:8]
>>> s
'efgh'
```

这里很容易犯“大小相差1”的错误，即误认为s[4:8]包括索引为8的字符（实际上不包括）。这种特性虽然可能与直觉有点不一致，但在range和切片中的应用是一致的。

在使用字符串切片时，冒号不可省略，但开始索引和结束索引是可省略的。如果省略了开始索引，Python将从索引0开始切片：

```
>>> s = 'abcdefghijk'
>>> s[:4]
'abcd'
```

如果省略了结束索引，Python就会切片到字符串的末尾：

```
>>> s[4:]
'efghijk'
```

两个索引都省略呢？这就给出了由整个字符串组成的切片：

```
>>> s[:]
'abcdefghijk'
```

我们甚至可以在切片中使用负数索引。这里有一个例子：

```
>>> s[-4:]
'hijk'
```

开始索引指的是右起第4个字符，也就是'h'，而结束索引省略了。因此，我们得到一个从'h'到字符串结尾的切片。

与索引不同，切片不会产生索引错误。如果使用字符串之外的索引，Python会切到字符串的适当末端：

```
>>> s[8:20]
'ijk'
>>> s[-50:2]
'ab'
```

我们将使用字符串切片来实现按钮1、2、3的行为。下面是按钮1的代码：

```
>>> songs = 'ABCDE'
>>> songs = songs[1:] + songs[0]
>>> songs
'BCDEA'
```

这个切片给出了除索引0处的字符外的整个字符串（这里没有特别针对长度为5的字符串；这段代码可以在任何长度的非空字符串上工作）。在切片后加上索引0的字符，第一首歌曲就会被移到播放列表的末尾。其他按钮的切片也是类似的，接下来你会看到这些代码。

概念检查

以下代码的输出是什么？

```
game = 'Lost Vikings'

print(game[2:-6])
```

A. st V
B. ost V
C. iking
D. st Vi
E. Viking

答案：A。索引 2 的字符是'Lost'中的's'。索引为-6 的字符是'Vikings'中的前一个'i'。由于我们从索引 2 开始，直到但不包括索引-6，所以得到的切片是'st V'。

概念检查

哪个输入能让我们走出以下循环？

```
valid = False

while not valid:
    s = input()
    valid = len(s) == 5 and s[:2] == 'xy'
```

A. xyz
B. xyabc
C. abcxy
D. 以上答案都可以
E. 以上答案都不对，循环从未执行过，程序也没有读取任何输入

答案：B。当 valid 为 True 时，while 循环结束（因为此时 not valid 为 False）。在给出的这些输入中，唯一长度为 5 并且前两个字符为'xy'的输入是 xyabc。因此，这是唯一将 valid 设置为 True 并结束循环的输入。

4.2.2　解决问题

我们已经有了某种使用 while 循环的方法。接下来，只要还有按钮需要处理，就继续循环，并使用切片来处理字符串。我们准备好解决“歌曲播放列表”问题了。代码见清单 4-3。

清单 4-3：解决“歌曲播放列表”问题

```
songs = 'ABCDE'
```

```
button = 0

❶ while button != 4:
    button = int(input())
    presses = int(input())
  ❷ for i in range(presses):
        if button == 1:
          ❸ songs = songs[1:] + songs[0]
        elif button == 2:
          ❹ songs = songs[-1] + songs[:-1]
        elif button == 3:
          ❺ songs = songs[1] + songs[0] + songs[2:]

❻ output = ''
for song in songs:
    output = output + song + ' '

❼ print(output[:-1])
```

只要按钮 4 没有被按下，这个 while 循环就会继续下去❶。在 while 循环的每个迭代中，程序读取按钮的编号，然后读取这个按钮被按下的次数。

现在，在外层的 while 循环中，程序需要针对每个按钮的按下次数循环一次。在你决定使用哪种循环时，请记住所有的循环类型。这里，带范围的 for 循环是更佳的选择❷，因为它更简单，可以精确地循环我们指定的次数。

带范围的 for 循环内的行为，取决于哪个按钮被按下。因此，我们使用 if 语句来检查按钮编号，并相应地修改播放列表。如果按钮 1 被按下，我们利用切片将第一首歌曲移到播放列表的末尾❸。如果按钮 2 被按下，我们利用切片将最后一首歌曲移到播放列表的开头❹。要做到这一点，我们从字符串右端的字符开始，然后用切片追加所有其他字符。对于按钮 3，我们需要修改播放列表，使前两首歌曲互换位置。我们用索引 1 的字符建立一个新的字符串，然后是索引 0 的字符，最后是由索引 2 开始的所有字符❺。

一旦离开了 while 循环，程序就需要输出这些歌曲，每两个歌曲之间要有一个空格。程序不能只输出 songs，因为那没有空格。作为替代，我们建立一个有适当空格的输出字符串。为了做到这一点，我们从空字符串开始❻，然后使用 for 循环来连接每个歌曲和一个空格。这样做有一个小问题：在字符串的末尾，即最后一个歌曲之后，多了一个空格，而我们并不希望这样。因此，我们利用切片来删除最后的空格字符❼。

现在你已经准备好将代码提交给评测网站了。

在继续阅读之前，你可能想尝试解决本章的练习 3。

4.3 问题 10：秘密句子

即使我们有一个字符串，并且知道程序将提供多少输入，while 循环仍然可能是所需的循环类型。这个问题说明了为什么会出现这种情况。

这是 DMOJ 上代码为 coci08c3p2 的问题。

挑战

卢卡在课堂上写了一个秘密句子。他不想让老师看出来，所以没有写下原句，而是写下一个编码后的版本。在句子中的每个元音字母（a、e、i、o 或 u）后面，他都加上字母 p 和那个元音字母。例如，他不会写下 i like you 这个句子，而是写成 ipi lipikepe yopoupu。

老师获得了卢卡编码后的句子。请为老师恢复卢卡的原始句子。

输入

一行文字，即编码后的句子。它由大小写字母和空格组成。每两个词之间正好有一个空格。该行的最大长度为 100 个字符。

输出

原始句子。

4.3.1　for 循环的另一个局限性

在第 3 章中，我们学习了如何用 for 循环来处理字符串。for 循环从开始到结束，一次一个字符地处理字符串。在许多情况下，这正是我们想要的。例如，在“三个杯子”问题中，我们需要从左到右查看每个交换，所以用 for 循环来处理交换的字符串。

在其他情况下，这样做的限制性太大，使用带范围的 for 循环可能更合适。带范围的 for 循环让我们能够访问索引而不是字符。它还允许我们以选择的任何步长来跳过一个序列。例如，可以用带范围的 for 循环来访问一个字符串，且每次循环都向后访问第 3 个字符：

```
>>> s = 'zephyr'
>>> for i in range(0, len(s), 3):
...     print(s[i])
...
z
h
```

还可以用带范围的 for 循环，从右到左（而不是从左到右）处理一个字符串：

```
>>> for i in range(len(s) - 1, -1, -1):
...     print(s[i])
...
r
y
h
p
e
z
```

所有这些都是假设我们想在每次迭代中以一个固定的数量进行移动。

如果我们有时想向右移动 1 个字符，有时想向右移动 3 个字符呢？这一点都不过分。事实上，我们如果能做到这一点，就能很好地解决“秘密句子”问题。

要知道为什么，请看这个测试用例：

```
ipi lipikepe yopoupu
```

想象一下，我们通过复制字符来重构卢卡的原句。编码后的句子的第一个字符是元音字母（即 i），这也是卢卡原句的第一个字符。根据卢卡对句子的编码方式，我们知道接下来的两个字符将是 p 和 i。我们不想在卢卡的原句中包括这些，所以需要跳过它们。也就是说，在处理完索引 0 后，我们要跳到索引 3。

索引 3 是一个空格字符。由于它不是元音字母，我们把这个字符原封不动地复制到卢卡的原句中，然后移到索引 4。索引 4 是 `l`，另一个非元音字母，所以我们也复制它并移到索引 5。在索引 5 处，有另一个元音，复制它之后，我们要跳到索引 8。

这里的步长是多少？它可能是 1 或 3，但并非一成不变——它是一个 1 和 3 的混合体。for 循环不是为这种操作而设计的。

有了 while 循环，我们可以随心所欲地在一个字符串上快速移动，不受预先定义的步长的限制。

4.3.2 while 循环遍历索引

编写一个 while 循环遍历字符串索引，这与编写其他类型的 while 循环没有太大区别，只需要加入字符串的长度。下面是从左到右循环遍历字符串的代码：

```
>>> s = 'zephyr'
>>> i = 0
❶ >>> while i < len(s):
...     print('We have ' + s[i])
...     i = i + 1
...
We have z
We have e
We have p
We have h
We have y
We have r
```

变量 `i` 允许我们访问字符串的每个字符。它从 0 开始，每通过一次循环就增加 1。

我在循环的布尔表达式中使用了`<` ❶，只要没有达到字符串的长度，循环就继续进行。如果我使用的是`<=` 而不是`<`，就会得到“IndexError”的结果：

```
>>> i = 0
>>> while i <= len(s):
...     print('We have ' + s[i])
...     i = i + 1
...
We have z
We have e
We have p
We have h
We have y
We have r
Traceback (most recent call last):
  File "<stdin>", line 2, in <module>
IndexError: string index out of range
```

字符串的长度是 6，我们得到这个错误是因为循环试图访问 `s[6]`，这不是字符串中的有效索引。

想在字符串中一次跳过 3 个字符而不是 1 个字符进行循环吗？没问题，只需要把 `i` 增加 3 而不是 1：

```
>>> i = 0
>>> while i < len(s):
...     print('We have ' + s[i])
...     i =  i +  3
...
We have z
We have h
```

也可以从右到左循环遍历字符串，而不是从左到右：从 `len(s) - 1` 开始，而不是 0；在每次迭代中减少 `i`，而不是增加它。我们还需要改变循环的布尔表达式，以检测何时处于字符串的开头而不是结尾。下面是从右到左遍历字符串的代码：

```
>>> i = len(s) - 1
>>> while i >= 0:
...     print('We have ' + s[i])
...     i = i - 1
...
We have r
We have y
We have h
We have p
We have e
We have z
```

while 循环中，最后一个用例需要让程序停止在第一个符合某种标准的索引处。

在还没有达到我们的标准、有更多的字符需要检查时，可以使用布尔 and 操作符控制循环的继续或停止。例如，下面是查找字符串中第一个`'y'`的索引的代码：

```
>>> i = 0
>>> while i < len(s) and s[i] != 'y':
...     i = i + 1
...
>>> print(i)
4
```

如果字符串中根本没有`'y'`，当 `i` 等于字符串的长度时，循环就会停止：

```
>>> s = 'breeze'
>>> i = 0
>>> while i < len(s) and s[i] != 'y':
...     i = i + 1
...
>>> print(i)
6
```

当 `i` 指向 6 时，and 的第一个操作数是 `False`，所以循环终止。你可能想知道为什么 and 的第二个操作数在这里没有导致错误（既然索引 6 不是字符串中的一个有效索引）。原因是布尔操作符使用了短路求值，也就是说，如果已经知道操作符的结果，操作符就不会再去求其他操作数的值。对于 and，如果第一个操作数是 `False`，那么我们知道，无论第二个操作数是什么，and 都会返回 `False`，因此 Python 不再求值第二个操作数。同样，对于 or 来说，如果第一个操作数是 `True`，那么 or 肯定会返回 `True`，所以 Python 不再求第二个操作数的值。

4.3.3 解决问题

现在我们知道了如何使用 while 循环来遍历一个字符串。

对于“秘密句子”问题，根据字符是元音字母与否，我们需要做一些不同的事情。如果字符是元音字母，就需要复制这个字符并向前移动 3 个字符（跳过 p 和第二次出现的这个元音字母）。如果字符不是元音字母，就需要复制这个字符并移到下一个字符。因此，我们总是复制当前的字符，但是根据当前的字符是不是元音字母来移动 3 或 1。我们可以在 while 循环中使用 if 语句，针对面对的每个字符做出决定。

清单 4-4 是“秘密句子”问题的一个解决方案。

清单 4-4：解决“秘密句子”问题

```
sentence = input()

❶ result = ''
i = 0

❷ while i < len(sentence):
    result = result + sentence[i]
  ❸ if sentence[i] in 'aeiou':
        i = i + 3
    else:
        i = i + 1

print(result)
```

`result` 变量❶用于逐字符建立原始句子。

while 循环的布尔表达式是标准的格式，让我们可以到达一个字符串的末尾❷。在这个循环中，我们先将当前字符连接到 `result` 字符串的末端，然后检查当前字符是不是元音字母❸。回顾一下 2.1.3 小节，in 操作符可以用来检查一个字符串是否出现在另一个字符串中。如果当前字符在元音字符串中，我们就向前移动 3 个字符；如果不是，就向前移动 1 个字符。

一旦循环结束，我们就已经遍历了整个编码的句子，并将正确的字符复制到了 `result` 中。因此，最后要做的事情是输出这个变量。

你可以将代码提交给评测网站了。做得好！

break 和 continue

在这里，我将展示 Python 支持的另外两个循环关键字：break 和 continue。根据我的经验，介绍这些关键字会导致学习者过度使用它们，从而使循环的逻辑不再清晰，所以我决定在本书的其他地方避免使用它们。尽管如此，它们偶尔还是有用的，而且你很可能会在其他的 Python 代码中看到它们，所以让我们简单讨论一下。

break 关键字可以立即无条件终止一个循环。

在解决“歌曲播放列表”问题时，我们使用了一个 while 循环，在按钮不是 4 的情况下进行循环。我们也可以用 break 来解决这个问题，代码见清单 4-5。

清单 4-5：解决“歌曲播放列表”问题（使用 break）

```
songs = 'ABCDE'

❶ while True:
    button = int(input())
  ❷ if button == 4:
      ❸ break
    presses = int(input())
    for i in range(presses):
        if button == 1:
            songs = songs[1:] + songs[0]
        elif button == 2:
            songs = songs[-1] + songs[:-1]
        elif button == 3:
            songs = songs[1] + songs[0] + songs[2:]

output = ''
for song in songs:
    output = output + song + ' '

print(output[:-1])
```

这个循环的布尔表达式❶看起来很可疑：条件只是 `True`，所以乍一看，这个循环似乎永远不会终止（这就是 break 的缺点，如果我们只看布尔表达式，就无法理解需要发生什么才会导致循环终止），但实际上它可以终止，因为我们使用了 break。如果按钮 4 被按下❷，我们就撞上 break❸，于是循环终止了。

我们再看一个使用 break 的例子。在 4.3.2 小节中，我们写了代码来寻找一个字符串中第一个`'y'`的索引。下面是使用 break 的情况：

```
>>> s = 'zephyr'
>>> i = 0
>>> while i < len(s):
...     if s[i] ==  'y':
...         break
...     i =  i +  1
...
>>> print(i)
4
```

再次注意到，该循环的布尔表达式具有误导性：它表明该循环总是运行到字符串的末尾，但进一步仔细检查发现，一个 break 溜进了代码，会影响循环终止。

break 只终止自己的循环，而不是任何外部循环。这里有一个例子：

```
>>> i = 0
>>> while  i <  3:
...     j =  10
...     while  j  <=  50:
...         print(j)
...         if j ==  30:
❶ ...           break
...         j =  j +  10
...     i =  i +  1
...
10
20
30
10
```

```
20
30
10
20
30
```

注意到 break❶如何缩短了 j 的循环时间。但它并不影响 i 的循环：该循环有 3 次迭代，与没有 break❶时一样。

continue 关键字用于结束循环的当前迭代。与 break 不同，它并不完全结束循环，如果循环条件为 True，循环的后续迭代就会发生。

下面是一个例子，用 continue 来输出字符串中的元音字母及其索引。

```
>>> s = 'zephyr'
>>> i = 0
>>> while i < len(s):
❶ ...     if not s[i] in 'aeiou':
  ...         i = i + 1
❷ ...         continue
❸ ...     print(s[i], i)
  ...     i = i + 1
  ...
e 1
```

如果当前的字符不是元音字母❶，我们就不想输出它。因此，我们将 i 增加 1，跳过这个字符，然后用 continue❷来结束当前的迭代。如果程序执行到 if 语句的下方❸，就一定意味着面对的是一个元音字母（否则 continue 会阻止程序到达这里）。因此，我们输出这个字符，并将 i 增加 1，跳过这个字符。

continue 关键字很诱人，因为它似乎提供了一种方法，让我们脱离我们不希望处于的迭代——“这不是元音字母。我要离开这里！”if 语句也可以用来获得同样的行为，而且逻辑往往更清晰。

```
>>> s = 'zephyr'
>>> i = 0
>>> while i < len(s):
...     if s[i] in 'aeiou':
...         print(s[i], i)
...     i = i + 1
...
e 1
```

if 语句在当前字符是元音字母时处理它，而不是在当前字符不是元音字母时跳过迭代。

4.4 小结

本章问题的共同特点是，我们事先不知道循环需要多少次迭代。

“游戏机”问题：迭代的次数取决于初始的游戏币数量和游戏机吐币的时机。

“歌曲播放列表”问题：迭代的次数取决于按了多少个按钮。

“秘密句子”问题：迭代的次数，以及每次迭代要做什么，取决于元音字母在字符串中的位置。

如果迭代次数未知，我们就求助于 while 循环，需要运行多久就运行多久。使用 while 循环比使用 for 循环的代码更容易出错。它也更灵活，因为我们摆脱了 for 循环的约束，for 循环只是按部就班地在一个序列中循环。

在第 5 章，我们将学习列表。它允许我们存储大量的数字或字符串数据。你认为我们将如何处理这些数据呢？没错，利用循环！通过下面的练习来磨炼你的循环技能。当我们用列表解决问题时，你会经常用到它们。

4.5 练习

你现在有 3 种类型的循环可以使用：不带范围的 for 循环、带范围的 for 循环和 while 循环。要使用循环解决问题，部分挑战是知道应该使用哪种循环！对于下面的每一个练习，请尝试使用不同类型的循环，得到你最喜欢的解决方案。

1．DMOJ 上代码为 ccc20j2 的问题：Epidemiology。
2．DMOJ 上代码为 coci08c1p2 的问题：Ptice。
3．DMOJ 上代码为 ccc02j2 的问题：AmeriCanadian。
4．DMOJ 上代码为 ecoo13r1p1 的问题：Take a Number。
5．DMOJ 上代码为 ecoo15r1p1 的问题：When You Eat Your Smarties。
6．DMOJ 上代码为 ccc19j3 的问题：Cold Compress。

4.6 备注

“游戏机”问题来自 2000 年加拿大计算机竞赛初级组、高级组。“歌曲播放列表”问题来自 2008 年加拿大计算机竞赛初级组。“秘密句子”问题来自 2008 年克罗地亚信息学公开赛第 3 轮。

第5章

用列表来组织值

我们已经看到，字符串可以用于处理一个字符序列。在本章中，我们将学习列表，它可以帮助我们处理其他类型的值的序列，如整数和浮点数。我们还将了解到，列表可以嵌套列表，这让我们能够处理数据的网格。

我们将用列表解决 3 个问题：寻找一些村庄的最小邻域，确定是否为学校旅行筹集了足够的资金，以及计算一家面包店提供的奖金数量。

5.1 问题 11：村庄邻域

在这个问题中，需要找出一组村庄的最小邻域的大小。我们会发现，存储所有的邻域大小是很有帮助的。然而，村庄可能多达 100 个，为每个村庄使用一个单独的变量将是一场噩梦。我们会看到，列表允许我们把本来是独立的变量汇总到一个集合中。我们还将学习 Python 强大的列表操作，用于对列表进行修改、搜索和排序。

这是 DMOJ 上代码为 ccc18s1 的问题。

挑战

一条直路上有 *n* 个村庄，分别位于不同的点上。每个村庄用一个整数来表示它在路上的位置。

一个村庄的左邻是左边最近的村庄，一个村庄的右邻是右边最近的村庄。一个村庄的邻域包括该村庄与其左邻的一半空间和该村庄与其右邻的一半空间。例如，如果有一个村庄在位置 10，其左邻在位置 6，右邻在位置 15，那么这个村庄的邻域从位置 8（6 和 10 的中点）开始，到位置 12.5（10 和 15 的中点）结束。

最左边和最右边的村庄只有一个邻居，所以邻域的定义对它们没有意义。在这个问题上，我们将忽略这两个村庄的邻域。

邻域的大小是以邻域的最右边位置减去邻域的最左边位置计算的。例如，从 8 到 12.5 的邻域的大小为 12.5–8 = 4.5。

请确定最小邻域的大小。

输入

输入由以下几行组成。

- 一行，包含整数 n，即村庄的数量，n 的取值范围为 3～100。
- n 行，每行给出一个村庄的位置。每个位置都以-1000000000～1000000000 范围内的整数表示。这些位置不一定按从左到右的顺序排列；一个村庄的左邻和右邻可以在这些行中的任何位置。

输出

最小邻域的大小，要求保留一位小数。

5.1.1　为什么是列表？

作为读取输入的一部分，我们需要读取 n 个整数（代表村庄位置）。我们在第 3 章解决“数据套餐”问题时已经处理过一次了。在那里，我们用了一个带范围的 for 循环，正好循环了 n 次。我们在这里也要这样做。

“数据套餐”问题和“村庄邻域”问题之间有一个关键的区别。在“数据套餐”问题中，我们读取了一个整数，使用了它，然后就不再引用它了。我们不需要把它留在手边。然而，在“村庄邻域”问题中，每个整数只看一次是不够的。一个村庄的邻域取决于它的左邻和右邻。如果不能访问村庄的左邻和右邻，就不能计算出村庄邻域的大小。我们需要存储所有的村庄位置，以便以后使用。

关于为什么需要存储所有的村庄位置，请看这个测试用例：

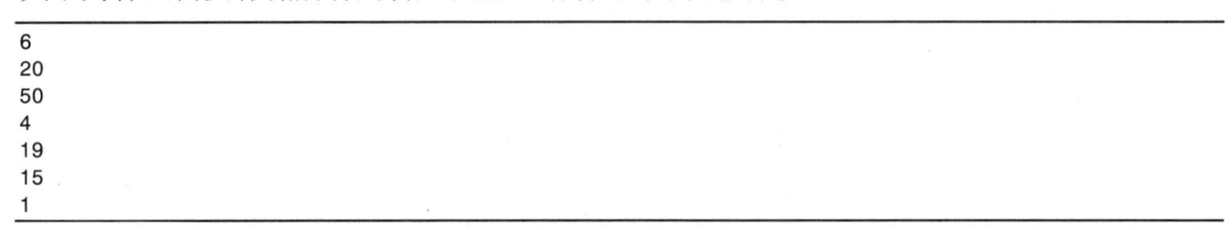

```
6
20
50
4
19
15
1
```

这里有 6 个村庄。为了找到一个村庄的邻域大小，我们需要知道该村的左邻和右邻。

输入的第一个村庄位置是 20。这个村庄的邻域有多大？为了回答这个问题，我们需要访问所有村庄的位置，这样就可以找到它的左邻和右邻。遍历这些位置，你可以发现其左邻位置是 19，右邻位置是 50。因此，这个村庄的邻域的大小是(20–19) / 2 + (50–20) / 2 = 15.5。

输入的第二个村庄位置是 50。这个村庄的邻域大小是多少？同样，需要通过位置来计算。这个村庄刚好是最右边的一个，所以我们忽略这个村庄的邻域。

输入的第三个村庄位置是 4。其左邻位置是 1，右邻位置是 15，所以这个村庄的邻域的大小是(4–1) / 2 + (15–4) / 2 = 7。

输入的第四个村庄位置是 19。其左邻位置是 15，右邻位置是 20，所以这个村庄的邻域大小是(19–15) / 2 + (20–19) / 2 = 2.5。

需要考虑的唯一剩下的村庄，位置是 15。如果计算它的邻域大小，你得到的答案应该是 7.5。

对比计算的所有邻域大小，我们发现最小的（也是这个测试用例的正确答案）是 2.5。

我们需要一种方法来存储所有的村庄位置，以便能够找到每个村庄的邻域。字符串是没用的，因为字符串存储的是字符，而不是整数。Python 列表救了我们！

5.1.2 列表

列表是一种 Python 类型，用于存储一连串的值（有时你会看到，列表中的值被称为元素）。我们使用方括号来限定列表。

字符串只能存储字符，而列表可以存储我们喜欢的任何类型的值。下面是一个整数的列表，它保存了 5.1.1 节中的村庄位置：


```
>>> [20, 50, 4, 19, 15, 1]
[20, 50, 4, 19, 15, 1]
```

下面是一个字符串的列表：

```
>>> ['one', 'two', 'hello']
['one', 'two', 'hello']
```

我们甚至可以创建由不同类型值组成的列表：

```
>>> ['hello', 50, 365.25]
['hello', 50, 365.25]
```

你学到的关于字符串的许多知识也适用于列表。例如，列表支持用于连接的+操作符和用于复制的*操作符：

```
>>> [1, 2, 3] + [4, 5, 6]
[1, 2, 3, 4, 5, 6]
>>> [1, 2, 3] * 4
[1, 2, 3, 1, 2, 3, 1, 2, 3, 1, 2, 3]
```

列表甚至还支持 in 操作符，它告诉我们一个值是否在列表中：

```
>>> 'one' in ['one', 'two', 'hello']
True
>>> 'n' in ['one', 'two', 'three']
False
```

列表还支持 `len` 函数，提供一个列表的长度：

```
>>> len(['one',  'two',  'hello'])
3
```

列表是一个序列，我们可以用 for 循环来遍历它的值：

```
>>> for value in [20, 50, 4, 19, 15, 1]:
...     print(value)
...
20
50
```

```
4
19
15
1
```

我们可以让变量指代列表，就像指代字符串、整数和浮点数一样。下面我们用两个变量指代列表，然后将它们连接起来，产生一个新的列表：

```
>>> lst1 = [1, 2, 3]
>>> lst2 = [4, 5, 6]
>>> lst1 + lst2
[1, 2, 3, 4, 5, 6]
```

虽然我们显示了连接的列表，但并没有存储它，再看一下列表就知道了：

```
>>> lst1
[1, 2, 3]
>>> lst2
[4, 5, 6]
```

要让一个变量指代连接的列表，我们使用赋值：

```
>>> lst3 = lst1 + lst2
>>> lst3
[1, 2, 3, 4, 5, 6]
```

像 `lst`、`lst1` 和 `lst2` 这样的名字，可以在不需要更具体地说明一个列表包含什么时使用。不要用 `list` 本身作为变量名。这个名字已被使用，我们可以用它将序列转换成列表：

```
>>> list('abcde')
['a', 'b', 'c', 'd', 'e']
```

把一个变量命名为 `list`，就占用了这个名字，而且会让那些期望 `list` 不被篡改的读者感到困惑。

列表还支持索引和切片。索引会返回单一值，而切片会返回值的列表：

```
>>> lst = [50, 30, 81, 40]
>>> lst[1]
30
>>> lst[-2]
81
>>> lst[1:3]
[30, 81]
```

对于字符串的列表，我们可以通过两次索引来访问字符，首先选择一个字符串，然后选择一个字符：

```
>>> lst = ['one', 'two', 'hello']
>>> lst[2]
'hello'
>>> lst[2][1]
'e'
```

概念检查

下面的代码在 total 变量中存储了什么？

```
lst = [一个由数字组成的列表]
total = 0
i = 1

while i <= len(lst):
    total = total + i
    i = i + 1
```

A. 列表的总和

B. 列表的总和，不包括它的第一个值

C. 列表的总和，不包括它的第一个和最后一个值

D. 这段代码会导致错误，因为它访问了无效的列表索引

E. 以上都不是

答案：E。这段代码累加了数字 1、2、3，等等，直到列表的长度。它根本没有累加来自列表的数字，也没有对列表取索引。

5.1.3 列表的可变性

字符串是不可变的，这意味着它们不能被修改。当我们看起来像在改变一个字符串时（例如，使用字符串连接），实际上是在创建新字符串，而不是修改已经存在的字符串。

与之不同，列表是可变的，这意味着它们可以被修改。

我们可以通过使用索引来观察这个区别。如果我们试图改变一个字符串的某个字符，就会得到一个错误：

```
>>> s = 'hello'
>>> s[0] = 'j'
Traceback (most recent call last):
  File "<stdin>", line 1, in <module>
TypeError: 'str' object does not support item assignment
```

错误信息表明，字符串不支持数据项赋值，这就意味着我们不能改变它们的字符。

然而列表是可变的，我们可以改变它们的值：

```
>>> lst = ['h', 'e', 'l', 'l', 'o']
>>> lst
['h', 'e', 'l', 'l', 'o']
>>> lst[0] = 'j'
>>> lst
['j', 'e', 'l', 'l', 'o']
>>> lst[2] = 'x'
>>> lst
['j', 'e', 'x', 'l', 'o']
```

如果没有对赋值语句的精确理解，可变性会导致看起来令人困惑的行为。这里有一个例子：

```
>>> x = [1, 2, 3, 4, 5]
```

```
❶ >>> y = x
>>> x[0] = 99
>>> x
[99, 2, 3, 4, 5]
```

这还不令人吃惊。你可能会对下面的结果感到惊讶：

```
>>> y
[99, 2, 3, 4, 5]
```

99 怎么会这样进入 y 中？

当我们把 x 赋值给 y 时❶，y 被设置为指代与 x 相同的列表，赋值语句没有复制列表。这里只有一个列表，而它恰好有两个名字（或别名）来指代它。所以如果对这个列表做了改变，无论我们用 x 还是 y 来引用这个列表，都会看到这个改变。

可变性很有用，因为它直接模拟了我们可能想对列表中的值做什么。如果我们想改变一个值，我们就改变它。

如果没有可变性，改变一个值是不可能的。我们必须创建新列表，除了我们想改变的值之外，它和旧列表是一样的。这也行得通，但这是一种迂回的、不太透明的改变值的方法。

如果你真的想要列表的副本，而不仅仅是它的另一个名字，可以使用切片。省略开始和结束索引，这样就得到了整个列表的副本：

```
>>> x = [1, 2, 3, 4, 5]
>>> y = x[:]
>>> x[0] = 99
>>> x
[99, 2, 3, 4, 5]
>>> y
[1, 2, 3, 4, 5]
```

请注意，这一次当 x 列表改变时，y 列表没有改变。它们是相互独立的。

概念检查

以下代码的输出是什么？

```
lst = ['abc', 'def', 'ghi']
lst[1] = 'wxyz'

print(len(lst))
```

A. 3

B. 9

C. 10

D. 4

E. 这段代码会导致错误

答案：A。改变一个列表的值是允许的（因为列表是可变的）。然而，把索引 1 的值改为一个较长的字符串，这并不能改变列表有 3 个值的事实。

5.1.4 学习有关方法

像字符串一样，列表也有许多有用的方法。我将在 5.1.5 节向你展示其中的一些，但首先我想向你展示如何自己学习方法。

你可以使用 Python 的 dir 函数来获得特定类型的方法列表。只要用一个值作为参数来调用 dir，就可以得到这个值的类型的方法。

下面是用一个字符串值作为参数来调用 dir 时的结果：

```
>>> dir('')
['__add__', '__class__', '__contains__', '__delattr__',
<省略若干项>
'capitalize', 'casefold', 'center', 'count', 'encode',
'endswith', 'expandtabs', 'find', 'format',
'format_map', 'index', 'isalnum', 'isalpha', 'isascii',
'isdecimal', 'isdigit', 'isidentifier', 'islower',
'isnumeric', 'isprintable', 'isspace', 'istitle',
'isupper', 'join', 'ljust', 'lower', 'lstrip',
'maketrans', 'partition', 'replace', 'rfind', 'rindex',
'rjust', 'rpartition', 'rsplit', 'rstrip', 'split',
'splitlines', 'startswith', 'strip', 'swapcase', 'title',
'translate', 'upper', 'zfill']
```

请注意，这里用空字符串来调用 dir。我们可以用任意字符串值来调用 dir，空字符串只不过是快捷的输入方式。

请忽略一开始的那些带下线的名字。这些名字是 Python 内部使用的，一般来说程序员不感兴趣。其余的名字是你可以调用的字符串方法。在这个列表中，你会发现已经知道的字符串方法，如 isupper 和 count，以及许多我们还没有遇到过的其他方法。

要学习如何使用一个方法，你可以在调用 help 时使用该方法的名称。下面是我们得到的关于字符串 count 方法的帮助信息：

```
>>> help(''.count)
Help on built-in function count:

count(...) method of builtins.str instance
 ❶ S.count(sub[, start[, end]]) -> int

   Return the number of non-overlapping occurrences of
   substring sub in string S[start:end].  Optional
   arguments start and end are interpreted as in
   slice notation.
```

帮助信息告诉我们如何调用该方法❶。

方括号表示可选的参数。如果只想在字符串的一个切片内统计 sub 的出现次数，可以使用 start 和 end。

浏览一下方法列表是有意义的，检查是否有一个方法可以帮助你完成当前的编程任务。即使你以前使用过一个方法，查看帮助信息也可以显示你不知道的功能。

要查看哪些列表方法是可用的，可调用 dir([])。要了解它们，请调用 help([].xxx)，其中 xxx 是列表方法的名称。

概念检查

下面是字符串 center 方法的帮助信息：

```
>>> help(''.center)
Help on built-in function center:

center(width, fillchar=' ', /) method of builtins.str instance
    Return a centered string of length width.

   Padding is done using the specified fill character
   (default is a space).
```

以下代码所产生的字符串是什么？

```
'cave'.center(8, 'x')
```

A. 'xxcavexx'

B. ' cave '

C. 'xxxxcavexxxx'

D. '   cave   '

答案：A。我们调用 center，且参数 width 为 8、fillchar 为'x'（如果我们只提供一个参数，那么 fillchar 将使用空格）。因此得到的字符串长度为 8。字符串'cave'有 4 个字符，所以我们还需要 4 个字符才能达到 8 的长度。因此，Python 在开头和结尾各加两个'x'来使字符串居中。

5.1.5　列表方法

是时候在"村庄邻域"问题上取得进展了。我想到两个关于列表的操作，能帮助我们解决这个问题。

第一，向列表中添加村庄的位置。我们从输入中逐一读取村庄。因此，我们需要一种方法，将这些位置添加到一个不断增长的列表中：首先，列表中没有任何东西，然后它将有一个村庄的位置，然后是两个，等等。

第二，对一个列表排序。一旦我们读入了村庄的位置，就需要找到最小的邻域。这涉及查看每个村庄的位置，以及它与左邻右邻的距离。村庄的位置可以按任何顺序排列，所以一般来说，要找到某个村庄的左邻右邻并不容易。回想一下我们在 5.1.1 小节中所做的工作。针对每一个村庄，我们都必须扫描整个列表来找到它的邻域。如果将村庄按位置排序，那就容易多了。这样我们就能准确地知道左邻右邻在哪里：它们就在当前村庄的左边和右边。

例如，以下是我们的样本村庄，按照我们读入它们的顺序。

```
20 50 4 19 15 1
```

真是一团糟！在生活中，村庄会按照位置的顺序来排列，像这样：

```
1 4 15 19 20 50
```

想知道位置 4 的村庄的左邻右邻吗？只要看看紧挨着的左边和紧挨着的右边：1 和 15。位置 15 的村庄的左邻右邻？它们就在那里：4 和 19。不用再到处找了。我们将对村庄位置的列表排序，以简化代码。

我们可以用 append 方法向列表中添加村庄的位置，用 sort 方法对列表排序。我们将学习这两种方法，以及其他一些方法（你在继续处理列表时可能会发现它们有用），然后解决“村庄邻域”问题。

添加到一个列表

append 方法用于对一个列表进行追加，即在它已经存在的值的后面增加一个值。下面使用 append 向最初为空的列表添加 3 个村庄的位置：

```
>>>  positions = []
>>>  positions.append(20)
>>>  positions
[20]
>>>  positions.append(50)
>>>  positions
[20, 50]
>>>  positions.append(4)
>>>  positions
[20, 50, 4]
```

请注意，我们在使用 append 时没有使用赋值语句。append 方法并不返回一个列表，它修改了现有的列表。

在改变列表的方法中使用赋值语句是常见的错误。犯这个错误会导致列表的丢失，就像这样：

```
>>> positions
[20, 50, 4]
>>> positions = positions.append(19)
>>> positions
```

什么都没有输出！技术上讲，position 现在指向一个 None 值。你可以用 print 看到：

```
>>> print(positions)
None
```

None 值表示没有信息，这不是我们所期望的（我们想要 4 个村庄的位置）。错误的赋值语句让我们失去了这个列表。

如果你的列表消失了，或者你收到与 None 值有关的错误信息，请确保你没有在修改列表的方法中使用赋值语句。

extend 方法与 append 有关。当你想把列表（而不是单一的值）连接到一个现有列表的末尾时，可以使用 extend。这里有一个例子：

```
>>> lst1 = [1, 2, 3]
>>> lst2 = [4, 5, 6]
>>> lst1.extend(lst2)
>>> lst1
[1, 2, 3, 4, 5, 6]
>>> lst2
[4, 5, 6]
```

如果想在一个列表的末尾以外的位置插入值，可以使用 insert 方法。它接受一个索引和一个值，并在该索引处插入该值：

```
>>> lst = [10, 20, 30, 40]
>>> lst.insert(1, 99)
>>> lst
[10, 99, 20, 30, 40]
```

对列表排序

sort 方法对列表排序，将其值按顺序排列。如果我们在调用该方法时不带参数，它将按从最小到最大的顺序排序：

```
>>> positions = [20, 50, 4, 19, 15, 1]
>>> positions.sort()
>>> positions
[1, 4, 15, 19, 20, 50]
```

如果我们调用它时将 reverse 参数设为 True，它会按从最大到最小的顺序排序：

```
>>> positions.sort(reverse=True)
>>> positions
[50, 20, 19, 15, 4, 1]
```

我使用的是较新的语法规则（reverse=True）。根据本书到目前为止对方法和函数的调用，你可能期望只写出 True 就可以调用 sort，但事实是，调用 sort 需要完整地输入 reverse=True，我将在第 6 章解释原因。

从列表中移除数值

pop 方法按索引移除一个值。如果没有提供参数，pop 会从列表中移除最右边的值并将其返回。

```
>>> lst = [50, 30, 81, 40]
>>> lst.pop()
40
```

我们可以把要移除的值的索引作为参数传给 pop。这里，我们移除并返回索引为 0 的值：

```
>>> lst.pop(0)
50
```

由于 pop 会返回某个值（与 append 和 sort 等方法不同），将其返回值赋给一个变量是有意义的：

```
>>> lst
[30, 81]
>>> value = lst.pop()
>>> value
81
>>> lst
[30]
```

remove 方法是通过值而不是索引来移除值的。将要移除的值传给它，它就会从列表中移除左起第一次出现的该值。如果该值不存在，remove 会产生错误。在下面的例子中，列表中有两个 50，所以 remove(50) 在产生错误之前工作了两次：

```
>>> lst =  [50, 30, 81, 40, 50]
>>> lst.remove(50)
>>> lst
[30, 81, 40, 50]
>>> lst.remove(50)
>>> lst
[30, 81, 40]
>>> lst.remove(50)
Traceback (most recent call last):
  File "<stdin>", line 1, in <module>
ValueError: list.remove(x): x not in list
```


概念检查

以下代码运行后，lst 的值是多少？

```
lst = [2, 4, 6, 8]
lst.remove(4)
lst.pop(2)
```

A. [2, 4]

B. [6, 8]

C. [2, 6]

D. [2, 8]

E. 这段代码会导致错误

答案：C。remove 移除了值 4，剩下[2, 6, 8]。pop 移除了索引 2 的值，也就是值 8。这就剩下了最终的列表[2, 6]。

5.1.6 解决问题

假设我们已经成功地读取并排序了村庄的位置。下面是列表在这时的样子：

```
>>> positions = [1, 4, 15, 19, 20, 50]
>>> positions
[1, 4, 15, 19, 20, 50]
```

为了找到最小邻域，我们先找到索引 1 的村庄的邻域（注意，我们不从索引 0 开始。索引 0 的村庄位于最左边，根据问题描述，我们可以忽略它）。我们可以像这样计算邻域的大小：

```
>>> left = (positions[1] - positions[0]) / 2
>>> right = (positions[2] - positions[1]) / 2
>>> min_size = left + right
>>> min_size
7.0
```

left 变量存储邻域左边部分的大小，right 存储邻域右边部分的大小。然后我们将它们加起来，得到邻域的总大小，得到 7.0。

这就是要“打败”的值。如何知道其他村庄是否有更小的邻域？我们可以用循环来处理其他村庄。如果找到一个比当前最小的邻域更小的邻域，我们就把当前最小的邻域大小更新为那个更小的值。

解决方案的代码在清单 5-1 中。

清单 5-1：解决“村庄邻域”问题

```
n = int(input())

❶ positions = []

❷ for i in range(n):
    ❸ positions.append(int(input()))

❹ positions.sort()

❺ left = (positions[1] - positions[0]) / 2
  right = (positions[2] - positions[1]) / 2
  min_size = left + right

❻ for i in range(2, n - 1):
      left = (positions[i] - positions[i - 1]) / 2
      right = (positions[i + 1] - positions[i]) / 2
      size = left + right
    ❼ if size < min_size:
          min_size = size

  print(min_size)
```

我们首先从输入中读取 n，即村庄的数量。我们还设置了 positions 指向一个空列表❶。

第一个带范围的 for 循环❷的每次迭代都负责读取一个村庄的位置，并将它追加到 positions 列表中。做法是用 input 读取下一个村庄的位置，用 int 将它转换为整数，用 list 的方法 append 将该整数追加到该列表中❸。这一行❸相当于以下 3 个独立的行：

```
position = input()
position = int(position)
positions.append(position)
```

在读取村庄位置后，接下来按照递增的顺序对它们排序❹，然后找出索引 1 的村庄的邻域大小，用 min_size 来保存❺。

接下来，在第二个循环中，我们针对其他每个村庄进行循环，这些村庄的邻域大小需要我们计算❻。这些村庄从索引 2 开始，到索引 n-2 结束。（我们不想考虑索引 n-1 的村庄，因为那是最右边的村庄）。因此，我们使用 range，第一个参数是 2（因此从 2 开始），第二个参数是 n-1（因此在 n-2 结束）。

在这个循环中，我们计算当前村庄的邻域的大小，就像我们对第一个村庄所做的那样。到目前为止，我们找到的最小邻域的大小由 min_size 指代。当前村庄的邻域是否比目前最小邻域更小？为了回答这个问题，我们使用 if 语句❼。如果这个村庄的邻域小于 min_size，就把 min_size 更新为这个邻域的大小。如果这个村庄的邻域不小于 min_size，就什么都不做，因为这个村庄没有改变最小邻域的大小。

遍历所有村庄后，min_size 一定是最小邻域的大小。因此，我们输出 min_size 的值。

这个问题描述的“输出”部分要求保留一位小数。如果最小的大小是 6.25 或 8.33333 这样的值呢？我们应该做些什么？

事实上，我们所做的一切都很安全。我们能得到的唯一邻域大小是像 3.0（小数点后有数字 0）和 3.5（小数点后有数字 5）的数字。这就是原因。在计算一个邻域的左边部分时，我们将两个整数相减，然后将所得整数除以 2。如果所得整数是偶数，那么其除以 2 就会得到一个十分位为 0 的数字；如果所得整数是奇数，那么其除以 2 就会得到一个十分位为 5 的数字。邻域的右边部分也是如此：结果将是一个十分位为 0 或 5 的数字。因此，将左右两部分相加得到的总数，肯定也是十分位为 0 或 5 的数字。

5.1.7 避免代码重复：还有两个解决方案

我们在前面和第二个带范围的 for 循环中都包含了“计算邻域大小”的代码，这让人有点失望。一般来说，重复的代码表明我们也许可以改进代码的设计。我们希望避免重复的代码，因为它增加了必须维护的代码量，而且如果发现重复的代码有缺陷，就更难修复代码中的问题了。在这里，重复的代码在我看来是可以接受的（它只有 3 行），但让我们谈谈避免它的两种方法。这些是一般的方法，你可以将其应用于其他类似的问题。

使用一个巨大的大小

在循环之前计算一个村庄的邻域大小的唯一原因，是让循环有值可以与其他邻域的大小相比较。如果在没有 `min_size` 值的情况下进入循环，当代码试图将它与当前村庄的大小进行比较时，我们会得到一个错误。

如果在循环之前将 `min_size` 设置为 0.0，那么循环永远不会找到一个更小的值，而且无论测试用例如何，我们都会错误地输出 0.0。使用 0.0 将是一个缺陷！

但是一个巨大的值，一个至少和每一个可能的邻域值一样大的值，会起作用。只要让它足够大，导致循环的第一次迭代保证会找到不比它大的值，从而确保假的值永远不会被输出。

从这个问题描述的“输入”部分，我们知道每个位置在-1000000000 和 1000000000 之间。那么，如果在位置-1000000000 处有一个村庄，在位置 1000000000 处有另一个村庄，并且在两者之间的某个地方有一个村庄，则我们可能会有最大的邻域。这个介于两者之间的村庄的邻域值为 1000000000。因此，我们可以用 1000000000.0 或更大的大小作为 min_size 的初始值。这个替代方法在清单 5-2 中。

清单 5-2：解决“村庄邻域”问题，巨大的值

```
n = int(input())

positions = []

for i in range(n):
    positions.append(int(input()))

positions.sort()

min_size = 1000000000.0

❶ for i in range(1, n - 1):
```

```
        left = (positions[i] - positions[i - 1]) / 2
        right = (positions[i + 1] - positions[i]) / 2
        size = left + right
        if size < min_size:
            min_size = size

print(min_size)
```

小心！现在需要从索引 1（而不是 2）开始计算大小❶。否则，我们会忘记包括索引 1 的村庄邻域。

建立保存大小的列表

另一个避免代码重复的方法是，把每个邻域的大小保存在列表中。Python 有一个内置的 `min` 函数，它接收序列并返回其最小值：

```
>>> min('qwerty')
'e'
>>> min([15.5, 7.0, 2.5, 7.5])
2.5
```

Python 也有一个 `max` 函数，可以返回序列的最大值。

请看清单 5-3，这是在邻域大小的列表上使用 `min` 的解决方案。

清单 5-3：解决“村庄邻域”问题（使用 min）

```
n = int(input())

positions = []

for i in range(n):
    positions.append(int(input()))

positions.sort()

sizes = []

for i in range(1, n - 1):
    left = (positions[i] - positions[i - 1]) / 2
    right = (positions[i + 1] - positions[i]) / 2
    size = left + right
    sizes.append(size)

min_size = min(sizes)
print(min_size)
```

放心向评测网站提交这些解决方案中的任何一个，以你最喜欢的为准！

在继续之前，你可能想尝试解决本章的练习 1。

5.2　问题 12：学校旅行

许多问题的输入都包含多个整数或浮点数。到目前为止，我们一直在避免这些问题，但它们无处不在！现在我们将学习如何使用列表来处理这些问题的输入。

这是 DMOJ 上代码为 eco17r1p1 的问题。

挑战

学生们想在年底进行一次学校旅行，但他们需要钱来支付旅行费用。为了筹集资金，他们组织了一场聚会并收取入场费。一年级的学生要付 12 美元，二年级的学生要付 10 美元，三年级的学生要付 7 美元，四年级的学生要付 5 美元。

在筹集的所有资金中，有 50%可以用来支付学校旅行的费用（另外 50%用来支付聚会本身的费用）。

我们知道学校旅行的费用、各年级学生的比例，以及学生的总数。请确定学生是否需要为学校旅行筹集更多的钱。

输入

输入由 10 个测试用例组成，每个测试用例有 3 行（共 30 行）。下面是每个测试用例的 3 行。

- 第一行包含学校旅行的费用（以美元为单位），为 50～50000 范围内的整数。
- 第二行包含 4 个数字，分别表示参加聚会的学生中一年级、二年级、三年级和四年级的比例。每对数字之间都有一个空格。每个数字的取值范围都是 0～1，它们的总和是 1（代表 100%）。
- 第三行包含整数 n，即参加聚会的学生人数，n 的取值范围为 4～2000。

输出

对于每个测试用例，如果学生需要为学校旅行筹集更多的钱，输出 `YES`，否则输出 `NO`。

隐藏的麻烦

假设有 50 名学生，其中 10%（比例值为 0.1）是四年级的学生。那么我们可以计算出有 $50 \times 0.1 = 5$ 名学生在读四年级。

现在假设有 50 名学生，但其中 15%（比例值为 0.15）是四年级的学生。两数相乘，会得到 $50 \times 0.15 = 7.5$ 名学生在读四年级。

“7.5 名学生”并没有任何意义。当这种情况发生时，问题规定要向下取整，所以我们在这里要向下取整到 7。这可能导致一年级、二年级、三年级和四年级的学生人数之和不等于学生总数。对于那些没有被计算在内的学生，我们要把他们加到学生最多的那一年级。可以保证有且仅有一个年级有最多的学生（不会出现多个年级并列的情况）。

我们首先忽略这个情况，从而避免在最初就考虑如何解决这个隐藏的麻烦。然后，我们再将这个麻烦考虑在内，从而得到一个完整的解决方案。

5.2.1 分割字符串和连接列表

每个测试用例的第二行由 4 个比例值组成，像这样：

```
0.2 0.08 0.4 0.32
```

我们需要一种方法，从一个字符串中提取这 4 个数字，以便进一步处理。我们将学习字符串的 `split` 方法，将一个字符串拆成其片段的列表。在此过程中，我们还会学习字符串的 `join`

方法，该方法让我们反过来将一个列表收缩成一个字符串。

将字符串分割成列表

请记住，无论输入是什么样子，input 函数都会返回一个字符串。如果输入应该被解释为一个整数，则需要将字符串转换成整数。如果输入应该被解释为小数，则需要将字符串转换为小数。如果输入应该被解释为 4 个浮点数呢？那么，在转换之前，我们最好把它分割成单独的浮点数。

字符串 split 方法将字符串分割成片段列表。默认情况下，split 是根据空格进行的，这正是我们对 4 个浮点数的需求：

```
>>> s = '0.2 0.08 0.4 0.32'
>>> s.split()
['0.2', '0.08', '0.4', '0.32']
```

split 方法返回一个字符串列表，这时我们可以独立地访问每个字符串。下面，我保存了 split 返回的列表，然后访问其中的两个值：

```
>>> proportions = s.split()
>>> proportions
 ['0.2', '0.08', '0.4', '0.32']
>>> proportions[1]
'0.08'
>>> proportions[2]
'0.4'
```

数据可能是以逗号而非空格分隔的。这不是什么难处理的事：可以用一个参数来调用 split，告诉它用什么作为分隔符：

```
>>> info = 'Toronto,Ontario,Canada'
>>> info.split(',')
['Toronto', 'Ontario', 'Canada']
```

将列表连接成字符串

反过来，要将列表连接成字符串，而不是将字符串转化为列表，可以使用字符串 join 方法。在其上调用 join 的字符串被用作列表值之间的分隔符。这里有两个例子：

```
>>> lst = ['Toronto',  'Ontario',  'Canada']
>>> ','.join(lst)
'Toronto,Ontario,Canada'
>>> '**'.join(lst)
'Toronto**Ontario**Canada'
```

理论上，join 可以连接任何序列中的值，而不仅仅是列表。下面是一个连接字符串中的字符的例子：

```
>>> '*'.join('abcd')
'a*b*c*d'
```

5.2.2　改变列表值

如果对有 4 个片段的字符串使用 split，会得到一个字符串的列表：

```
>>> s =  '0.2 0.08 0.4 0.32'
>>> proportions = s.split()
```

```
>>> proportions
['0.2', '0.08', '0.4', '0.32']
```

在 1.4.2 小节中，我们了解到，看起来像数字的字符串不能用于数值计算。因此，需要将这个字符串列表转换为一个浮点数列表。

可以用 float 将字符串转换为浮点数，像这样：

```
>>> float('45.6')
45.6
```

这只是一个浮点数。如何将整个字符串列表转换为一个浮点数列表？用下面的循环来实现这一目标是非常诱人的：

```
>>> for value in proportions:
...     value = float(value)
```

逻辑上讲，程序遍历列表中的每个值，并将其转化为浮点数。遗憾的是，这行不通。列表仍然指的是字符串：

```
>>> proportions
['0.2', '0.08', '0.4', '0.32']
```

可能出了什么问题？`float` 不工作吗？通过观察转换后的 `value` 的类型，我们可以看到 `float` 做得很好：

```
>>> for  value in proportions:
...      value = float(value)
...      type(value)
...
<class 'float'>
<class 'float'>
<class 'float'>
<class 'float'>
```

4 个浮点数！但这个列表仍然是一个字符串。

这里发生的事情是，我们没有改变列表中所指的值。我们改变了变量 `value` 的指向，但这并没有改变列表中指向旧的字符串值的事实。要真正改变列表中引用的值，需要在列表的索引处赋新值：

```
>>> proportions
['0.2', '0.08', '0.4', '0.32']
>>> for i in range(len(proportions)):
...     proportions[i] = float(proportions[i])
...
>>> proportions
[0.2, 0.08, 0.4, 0.32]
```

带范围的 for 循环遍历了每个索引，赋值语句改变了该索引所指向的内容。

5.2.3 解决大部分的问题

我们现在可以很好地解决这个问题了，但不包括那个隐藏的麻烦。

我们将从一个例子开始，强调代码必须做什么，然后看看代码本身。

探索一个测试用例

这个问题的输入包括 10 个测试用例，但我在这里只介绍一个。如果你从键盘上输入这个测试用例，就会看到答案。然而，程序不会就此终止，因为它在等待下一个测试用例。如果你在这个测试用例中使用输入重定向，就会再次看到答案，但你会得到“EOFError”的结果。EOF 代表“文件结束”（end of file），这个错误的原因是程序试图读取的输入比提供的输入更多。一旦代码在一个测试用例中是有效的，你可以尝试在输入中增加测试用例，并确保它们也是有效的。一旦有了 10 个测试用例，程序就应该运行至结束。

下面是我想追踪的测试用例：

```
504
0.2 0.08 0.4 0.32
125
```

学校旅行的费用为 504 美元，有 125 名学生参加聚会。

为了确定在聚会上筹集到多少钱，我们计算从每一年级的学生中筹集到的钱。有 $125 \times 0.2 = 25$ 名一年级的学生，他们每人支付 12 美元。因此，从一年级的学生筹集了 $25 \times 12 = 300$ 美元。我们同样可以计算出从二年级、三年级和四年级的学生筹集到的钱。这项工作见表 5-1。

表 5-1　学校旅行示例

年级	该年级学生数	每个学生的费用	筹集的钱
一年级	25	12	300
二年级	10	10	100
三年级	50	7	350
四年级	40	5	200

每一年级的学生所筹集的资金是通过将该年级的学生人数乘以该年级每个学生的费用来计算的，见表 5-1 的最右边一栏。对于所有学生筹集的资金总额，我们可以将最右边这一栏中的 4 个数字相加。这样就得到了 $300 + 100 + 350 + 200 = 950$ 美元。其中只有 50%可以用于学校旅行。所以我们还剩下 $950 / 2 = 475$ 美元，不足以支付 504 美元的旅行费用。因此，正确的输出是 YES，因为必须筹集更多的钱。

代码

这个部分解决方案可以正确处理任何输入，只要学生人数乘以比例得到的是整数（如我们刚才的测试用例）。代码见清单 5-4。

清单 5-4：解决“学校之旅”问题的大部分

```
❶ YEAR_COSTS = [12, 10, 7, 5]

❷ for dataset in range(10):
      trip_cost = int(input())
    ❸ proportions = input().split()
      num_students = int(input())

    ❹ for i in range(len(proportions)):
```

```
        proportions[i] = float(proportions[i])

❺ students_per_year = []

   for proportion in proportions:
    ❻ students = int(num_students * proportion)
       students_per_year.append(students)

   total_raised = 0

❼ for i in range(len(students_per_year)):
       total_raised = total_raised + students_per_year[i] * YEAR_COSTS[i]

❽ if total_raised / 2 < trip_cost:
       print('YES')
   else:
       print('NO')
```


首先，我们用变量 YEAR_COSTS 代表费用清单，即一年级、二年级、三年级和四年级学生的费用❶。一旦确定了每一年的学生人数，我们将乘以这些数值来确定筹集的资金。费用不会改变，所以我们不会改变这个变量所指的内容。对于这样的“常量”变量，Python 的惯例是用大写字母为它们命名，就像我在这里做的那样。

输入包含 10 个测试用例，所以我们循环 10 次❷，每个测试用例循环一次。程序的其余部分都在这个循环里，因为我们要把所有事情重复 10 次。

对于每个测试用例，我们读取 3 行输入。第二行是有 4 个比例的那一行，所以我们用 split 把它分割成 4 个字符串的列表❸。我们用一个带范围的 for 循环将这些字符串转换为浮点数❹。

要利用这些比例，我们的下一个任务是确定每一个年级的学生人数。我们从一个空列表❺开始。然后针对每个比例，用学生总数乘以该比例❻，并将其附加到列表中。请注意，在❻处，我使用了 int 来确保只追加整数。当对浮点数使用 int 时，它通过向下取整将小数部分去掉。

现在有了两个列表，我们需要这些列表来计算筹集了多少钱。students_per_year 储存了各年级学生人数，看起来像这样：

```
[25, 10, 50, 40]
```

在 YEAR_COSTS 中，我们有各年级学生的费用：

```
[12, 10, 7, 5]
```

在这些列表中，索引为 0 的值告诉我们关于一年级学生的情况，索引为 1 的值告诉我们关于二年级学生的情况，以此类推。这样的列表被称为平行列表，因为它们平行工作，告诉我们的信息比单个列表更多。

我们用这两个列表来计算筹集的总资金，方法是用每个学生的人数乘以每个学生的相应费用，然后把所有这些结果加起来❼。

是否已经为学校旅行筹集了足够的资金？为了找出答案，我们使用 if 语句❽。资金的一半可以用于学校旅行。如果这个数额少于学校旅行的费用，那么我们需要筹集更多的钱（YES），否则不需要（NO）。

我们写的代码是非常通用的。限制共有 4 个年级的唯一线索在❶处。如果我们想解决不同年级的类似问题，要做的就是改变这一行（并提供符合比例的输入）。这就是列表的力量。它们帮助我们编写灵活的代码，可以适应要解决的问题的变化。

5.2.4　如何处理隐藏的麻烦

现在我们来看看，为什么当前的程序对一些测试用例做了错误的事情，以及解决它要用的 Python 特性。

探索一个测试用例

下面是一个会使目前的代码出错的测试用例：

```
50
0.7 0.1 0.1 0.1
9
```

这一次，学校的旅行费用为 50 美元，有 9 名学生参加聚会。对于一年级的学生人数，目前的程序会计算出 9 × 0.7 = 6.3，然后向下取整为 6。事实上，我们必须向下取整，这就是为什么我们必须对这个测试用例小心谨慎。请看表 5-2，看看目前的程序对这 4 个年级会做什么。

表 5-2　目前的程序在“学校旅行”问题中出错的一个示例用例

年级	该年级学生数	每个学生的费用	筹集的钱
一年级	6	12	72
二年级	0	10	0
三年级	0	7	0
四年级	0	5	0

除了第一年，每年都有 0 名学生，因为 9 × 0.1 = 0.9 向下取整为 0。因此，看起来我们所筹集的资金是 72 美元。72 美元的一半是 36 美元，不足以支付 50 美元的学校旅行。目前的程序输出 YES。我们需要筹集更多的钱。

或许不需要。我们这里应该有 9 个学生，而不是 6 个！我们因为向下取整失去了 3 个学生。问题描述指出，应该把这些学生加到学生最多的那一年级，在这种情况下就是一年级。如果这样做，就会发现，我们实际上筹集了 9 × 12 = 108 美元。108 美元的一半是 54 美元，所以事实上我们不需要再为 50 美元的学校旅行筹集资金了！正确的输出是 NO。

更多列表操作

为了修复我们的程序，需要做两件事：找出因向下取整而损失的学生，并将这些学生加到学生最多的那一年。

为了确定因向下取整而损失的学生人数，我们可以将 `students_per_year` 列表中的学生加起来，然后从学生总数中减去。Python 的 `sum` 函数接收一个列表并返回其值的总和：

```
>>> students_per_year = [6, 0, 0, 0]
>>> sum(students_per_year)
6
>>> students_per_year = [25,  10,  50,  40]
>>> sum(students_per_year)
125
```

我们也可以尝试找到最大值的索引。

Python 的 max 函数接收一个序列并返回其最大值：

```
>>> students_per_year = [6, 0, 0, 0]
>>>  max(students_per_year)
6
>>> students_per_year = [25,  10,  50,  40]
>>>  max(students_per_year)
50
```

我们要的是最大值的索引，而不是最大值本身，这样就可以增加该索引的学生人数。给定最大值，我们可以用 index 方法找到它的索引。如果找到了提供的值，它返回该值的索引（如果该值出现多次，只返回最左边一个的索引）；如果该值不在列表中，则会产生错误：

```
>>> students_per_year = [6, 0, 0, 0]
>>>  students_per_year.index(6)
0
>>>  students_per_year.index(0)
1
>>>  students_per_year.index(50)
Traceback (most recent call last):
  File "<stdin>", line 1, in <module>
ValueError: 50 is not in list
```

我们知道要搜索的值在列表中，所以不必担心出现错误。

5.2.5 解决问题

我们成功了！现在可以更新我们的部分解决方案，以处理所有有效的测试用例。新的程序在清单 5-5 中。

清单 5-5：解决“学校旅行”问题

```
YEAR_COSTS = [12, 10, 7, 5]


for dataset in range(10):
    trip_cost = int(input())
    proportions = input().split()
    num_students = int(input())

for i in range(len(proportions)):
    proportions[i] = float(proportions[i])

students_per_year = []

  for proportion in proportions:
    students = int(num_students * proportion)
    students_per_year.append(students)

❶ counted = sum(students_per_year)
```

5

```
    uncounted = num_students - counted
    most = max(students_per_year)
    where = students_per_year.index(most)
❷   students_per_year[where] = students_per_year[where] + uncounted

    total_paid = 0

    for i in range(len(students_per_year)):
        total_paid = total_paid + students_per_year[i] * YEAR_COSTS[i]

    if total_paid / 2 < trip_cost:
        print('YES')
    else:
        print('NO')
```

仅有的新代码是从❶开始的5行。我们用 sum 来计算到目前为止已经统计了多少学生，然后从学生总数中减去这个数字，得出未统计的学生数。然后，用 max 和 index 来确定应该把未计算的学生加到哪一年级的索引中。最后，把未计算的学生加到这个索引❷。（在一个数字上加0不会改变这个数字，所以不用担心在 uncounted 为0时的特殊行为编码，这段代码在这种情况下是安全的。）

这就是这个问题的全部内容。来吧，提交给评测网站吧！记得回来——我们将探索更一般的列表结构。

在继续之前，你可能想尝试解决本章的练习5。

5.3 问题13：面包房奖金

在这个问题中，我们将看到列表如何帮助我们处理二维数据。这类数据在现实世界的程序中经常出现。例如，电子表格中的数据是由行和列组成的。处理这种数据需要的一些技术，正是我们将要学习的。

这是 DMOJ 上代码为 eco17r3p1 的问题。

挑战

布里面包房有许多加盟店，每个加盟店都向消费者销售烘焙产品。在达到经营13年的里程碑后，布里面包房将根据销售额发放奖金，以示庆祝。奖金金额取决于每天的销售额和每个加盟店的销售额。以下是奖金的发放方式。

- 对于所有加盟店的总销售额是13的倍数的每一天，这个倍数将被作为奖金发放。例如，在一天中，如果所有加盟店总共卖出了26个烘焙食品，将在总数中增加26 / 13 = 2份奖金。
- 对于每一个加盟店，如果在所有日子的总销售额是13的倍数，那么这个倍数将被作为奖金发放。例如，一个加盟店总共卖出了39个烘焙食品，将在总数中增加39 / 13 = 3份奖金。

请确定发放奖金的总数。

输入

输入由10个测试用例组成。每个测试用例包含以下几行。

- 一行包含加盟店的整数编号 f 和整数天数 d，用空格隔开。f 的取值范围为4～130，d 的取值范围为2～4745。

- d 行，每行代表一天，包含 f 个整数，用空格隔开。每个整数指定一个销售数量。其中，第一行给出了第一天每个加盟店的销售额，第二行给出了第二天每个加盟店的销售额，以此类推。每个整数的取值范围为 1～13000。

输出

对于每个测试用例，输出获得奖金的总数。

5.3.1 表示一个表格

这个问题的数据可以用一个表格来表示。我们将从一个示例开始，然后看看如何将一个表格表示为一个列表。

探索一个测试用例

如果有 d 天和 f 个加盟店，我们可以把数据列成一个有 d 行、f 列的表格。

下面是一个测试用例的示例：

```
6 4
1 13 2 1 1 8
2 12 10 5 11 4
39 6 13 52 3 3
15 8 6 2 7 14
```

与该测试用例相对应的表格在表 5-3 中。

表 5-3 面包房奖金表

天数	加盟店 0	加盟店 1	加盟店 2	加盟店 3	加盟店 4	加盟店 5
0	1	13	2	1	1	8
1	2	12	10	5	11	4
2	39	6	13	52	3	3
3	15	8	6	2	7	14

我对天数和加盟店进行了编号，从 0 开始，考虑到我们稍后将在一个列表中保存这些数据。

在这个测试用例中，有多少奖金给出？我们先看一下表格的行，这些行对应着天数。天数 0 的销售额之和为 $1 + 13 + 2 + 1 + 1 + 8 = 26$。由于 26 是 13 的倍数，这一行带来了 $26 / 13 = 2$ 份奖金。天数 1 的总和是 44。这不是 13 的倍数，所以没有奖金。天数 2 的总和是 116，同样没有奖金。天数 3 的总和是 52，这带来了 $52 / 13 = 4$ 份奖金。

现在让我们来看看与加盟店相对应的列。加盟店 0 的总和是 $1 + 2 + 39 + 15 = 57$。这不是 13 的倍数，所以没有奖金。事实上，唯一能给我们带来奖金的是加盟店 1。它的总和是 39，带来了 $39 / 13 = 3$ 份奖金。

奖金的总数是 $2 + 4 + 3 = 9$。所以，9 是这个测试用例的正确输出。

嵌套列表

到目前为止，我们已经看到了整数、浮点数和字符串的列表。我们还可以创建列表的列表，称为嵌套列表。这种列表的每个值本身就是一个列表。通常使用像 grid 或 table 这样的变量名称来指代一个嵌套列表。下面是一个与表 5-3 相对应的 Python 列表。

```
>>> grid = [[ 1, 13,  2,  1,  1,  8],
...         [ 2, 12, 10,  5, 11,  4],
...         [39,  6, 13, 52,  3,  3],
...         [15,  8,  6,  2,  7, 14]]
```

每个列表的值对应一行。如果我们索引一次，我们就得到一行，而这一行本身就是一个列表：

```
>>> grid[0]
[1, 13, 2, 1, 1, 8]
>>> grid[2]
[39, 6, 13, 52, 3, 3]
```

索引两次，会得到一个值。下面是第 1 行第 2 列的数值：

```
>>> grid[1][2]
10
```

与列打交道比与行打交道要麻烦一些，因为每个列都分布在多个列表中。要访问一个列，我们需要从每一行中取值。可以通过循环来逐步建立代表列的新列表。下面，我得到了第 1 列：

```
>>> column = []
>>> for i in range(len(grid)):
❶ ...     column.append(grid[i][1])
...
>>> column
[13, 12, 6, 8]
```

注意第一个索引（行）是如何变化的，但第二个索引（列）没有变化❶。这就挑出了具有相同列索引的每个值。

对行和列求和呢？要对行求和，我们可以使用 sum 函数。下面是第 0 行的和：

```
>>> sum(grid[0])
26
```

我们也可以使用循环，像这样：

```
>>> total = 0
>>> for value in grid[0]:
...     total = total + value
...
>>> total
26
```

使用 sum 是更容易的选择，所以我们将使用它。

要对一个列求和，我们可以建立 column 列表，然后对它使用 sum，或者我们也可以不建立新列表而直接进行计算：

```
>>> total = 0
>>> for i in range(len(grid)):
...     total = total + grid[i][1]
...
>>> total
39
```

概念检查

以下代码的输出是什么？

```
lst = [[1, 1],
       [2, 3, 4]]
x = 0

for i in range(len(lst)):
    for j in range(len(lst[0])):
        x = x + lst[i][j]

print(x)
```

A. 2

B. 7

C. 11

D. 这段代码产生一个错误（它使用了一个无效的索引）

答案：B。变量 i 经历了 0 和 1（因为 lst 的长度是 2）；变量 j 也经历了 0 和 1（因为 lst[0] 的长度是 2）。因此，列表中被求和的值是那些每个索引为 0 或 1 的值，具体来说，是除了 lst[1][2] 处的 4 外的每个值。

概念检查

下面的代码包含两个 print 调用。输出的结果是什么？

```
lst = [[5, 10], [15, 20]]
x = lst[0]
x[0] = 99
print(lst)

lst = [[5, 10], [15, 20]]
y = lst[0]
y = y + [99]
print(lst)
```

A.

```
[[99, 10], [15, 20]]
[[5, 10], [15, 20]]
```

B.

```
[[99, 10], [15, 20]]
[[5, 10, 99], [15, 20]]
```

C.

```
[[5, 10], [15, 20]]
[[5, 10], [15, 20]]
```

D.

```
[[5, 10], [15, 20]]
[[5, 10, 99], [15, 20]]
```

答案：A。x 指代 lst 的首行，它是引用 lst[0]的另一种方式。因此，当我们执行 x[0] = 99 时，这个变化在调用 lst 时也会反映出来。

接下来，y 也引用了 lst 的首行，但是我们又给 y 赋值了一个新列表——这个新列表（而不是 lst 的首行）被附加了 99。

5.3.2　解决问题

解决这个问题的代码在清单 5-6 中。

清单 5-6：解决"面包房奖金"问题

```
for dataset in range(10):
❶ lst = input().split()
   franchisees = int(lst[0])
   days = int(lst[1])

   grid = []

❷ for i in range(days):
       row = input().split()
     ❸ for j in range(franchisees):
           row[j] = int(row[j])
     ❹ grid.append(row)

   bonuses = 0

❺ for row in grid:
     ❻ total = sum(row)
       if total % 13 == 0:
           bonuses = bonuses + total // 13

❼ for col_index in range(franchisees):
       total = 0
     ❽ for row_index in range(days):
           total = total + grid[row_index][col_index]
       if total % 13 == 0:
           bonuses = bonuses + total // 13

   print(bonuses)
```

与"学校旅行"问题一样，输入包含 10 个测试用例，所以我们将所有的代码放在一个循环中，迭代 10 次。

对于每个测试用例，我们读取输入的第一行，并调用 split 将它分解为列表❶。这个列表包含两个值（加盟店的数量和天数），我们将它们转换为整数，并将它们赋值给相应命名的变量。

变量 grid 开始时是一个空列表。它最终将指向一个行的列表，其中每一行都是某一天的销售列表。

我们使用一个带范围的 for 循环，针对每一天迭代一次❷，然后从输入中读取一行，调用 split 将它分割成单个销售值的列表。这些值现在是字符串，所以用嵌套循环把它们全部转换成整数❸，然后将该行添加到网格中❹。

现在我们已经读取了输入并保存了网格。是时候把奖金数目加起来了。我们分两步进行：第一步是行的奖金，第二步是列的奖金。

为了找到行中的奖金，我们在 grid 上使用一个 for 循环❺。与所有在列表上的 for 循环一样，它每次会给我们一个值。在这里，每个值都是一个列表，所以 row 在每次迭代中指的是不同的列表。sum 函数对所有数字列表都有效，所以这里用它把当前行的值加起来❻。如果总和能被 13 整除，就把奖金的数量加起来。

我们不能像对待行那样在列表的列中循环，所以必须循环遍历这些索引。我们通过使用带范围的 for 循环来实现这一目的❼。对于当前列的求和，使用 sum 是不行的，所以我们需要一个嵌套循环。这个嵌套循环遍历各行，将所需列中的每个值加起来❽。然后，我们检查这个总数是否能被 13 整除，如果能被整除，则增加相应的奖金。

最后，输出奖金的总数。

交给评测网站的时间到了！如果你提交代码，应该看到所有测试用例都通过了。

5.4 小结

在本章中，我们学习了列表，它可以帮助我们处理任何类型的集合：数字的列表、字符串的列表、列表的列表等。Python 支持我们需要的任何数据类型。我们还学习了列表的一些方法，明白了为什么对一个列表排序可以让处理列表中的值变得更容易。

与字符串不同，列表是可变的，这意味着我们可以改变其内容。这有助于我们更方便地操作列表，但在修改列表时，必须小心。

学到这里，我们已经达到了可以写很多行代码的程序的阶段。我们可以用 if 语句和循环来指导程序、用字符串和列表来保存和处理信息、解决具有挑战性的问题。程序可能变得难以设计和阅读。幸运的是，我们可以用一种工具来帮助我们组织程序，使其复杂性得到控制。我们将在第 6 章学习这种工具。下面的一些练习可能会加深你对编写大量代码的困难的理解。解决它们后，你就可以继续学习了！

5.5 练习

这里有一些练习供你尝试。

1. DMOJ 上代码为 ccc07j3 的问题：Deal or No Deal Calculator。
2. DMOJ 上代码为 coci17c1p1 的问题：Cezar。
3. DMOJ 上代码为 coci18c2p1 的问题：Preokret。
4. DMOJ 上代码为 ccc00s2 的问题：Babbling Brooks（提示：请查看 Python 的 round 函数）。
5. DMOJ 上代码为 ecoo18r1p1 的问题：Willow's Wild Ride。
6. DMOJ 上代码为 ecoo19r1p1 的问题：Free Shirts。
7. DMOJ 上代码为 dmopc14c7p2 的问题：Tides。
8. DMOJ 上代码为 wac3p3 的问题：Wesley Plays DDR。

9．DMOJ 上代码为 ecoo18r1p2 的问题：Rue's Rings（提示：如果在这里使用 f 字符串，你需要一种方法来包括{和}符号本身。你可以通过使用{{在 f 字符串中包含{，通过使用}}在 f 字符串中包含}）。

10．DMOJ 上代码为 coci19c5p1 的问题：Emacs。

11．DMOJ 上代码为 coci20c2p1 的问题：Crtanje（提示：你需要支持-100～100 范围内的行，但 Python 列表是从索引 0 开始。我们如何支持负数索引的行呢？这里有一个技巧——在任何需要访问第 x 行的时候，使用索引 x + 100。这就把行号的范围转移到了 0～200，而不是-100～100。另外，\是一个特殊的字符，如果想使用\字符本身，必须输入\\而不是\）。

12．DMOJ 上代码为 dmopc19c5p2 的问题：Charlie's Crazy Conquest（提示：对于这个问题，你必须要注意索引和游戏规则）。

5.6 备注

"村庄邻域"问题来自 2018 年加拿大计算竞赛高级组。"学校旅行"问题来自 2017 年安大略省教育计算机组织编程竞赛第 1 轮。"面包房奖金"问题来自 2017 年安大略省教育计算组织编程竞赛第 3 轮。

第 6 章

用函数来设计程序

编写大型程序时，重要的是将代码组织成有逻辑的部分，每一个部分都对整体目标有微小的贡献。这样一来，我们就能够独立思考各部分，而不必担心其他部分在做什么。然后，我们把这些部分放在一起。这些部分被称为函数。

在本章中，我们将使用函数来分解和解决两个问题：计算双人纸牌游戏的分数，以及确定一些可动人偶盒子是否可以很好地整理。

6.1 问题 14：纸牌游戏

在这个问题中，我们将实现一个双人纸牌游戏。在思考问题的过程中，我们会发现同样的逻辑出现了好几次。我们将学习如何将这些代码打包到 Python 函数中，以避免代码的重复，并提高代码的清晰度。

这是 DMOJ 上代码为 ccc99s1 的问题。

挑战

两个玩家 A 和 B 正在玩纸牌游戏（即使不懂打牌的规则也能理解这个问题）。

游戏开始时有 52 张牌。玩家 A 从这副牌上拿一张牌，然后玩家 B 从这副牌上拿一张牌，然后玩家 A，然后玩家 B，直到这副牌被拿完。

牌有 13 种类型。这些类型如下：2、3、4、5、6、7、8、9、10、J、Q、K、A。每种类型的牌都有 4 张。例如，4 张 2，4 张 3，以此类推，一直到 4 张 A（这就是为什么这副牌里有 52 张牌：13 种类型，每种类型 4 张）。

大牌是指 J、Q、K 或 A。

当玩家拿到一张大牌时，可以得到一些分数。以下是得分的规则。

- 如果玩家拿了一张 J 之后，这副牌至少还有 1 张牌，而且接下来的 1 张牌不是大牌，那么玩家得 1 分。
- 如果玩家拿了一张 Q 之后，这副牌至少还有 2 张牌，而且接下来的 2 张牌都不是大牌，那么玩家得 2 分。
- 如果玩家拿了一张 K 之后，这副牌至少还有 3 张牌，而且接下来的 3 张牌都不是大牌，那么玩家得 3 分。

- 如果玩家拿了一张 A 之后，这副牌至少还有 4 张牌，而且接下来的 4 张牌都不是大牌，那么玩家得 4 分。

我们需要输出玩家每次得分时的信息，以及游戏结束时每个玩家的总得分。

输入

输入由 52 行组成。每一行都包含了一张牌的类型。这些行是按照从这副牌中取牌的顺序排列的，也就是说，第一行是从这副牌中取的第一张牌，第二行是取的第二张牌，以此类推。

输出

每当有玩家得分时，输出以下一行：

```
Player p scores q point(s).
```

其中，p 是 A 时指玩家 A，p 是 B 时指玩家 B，q 是指刚刚得到的分数。

当游戏结束时，输出以下两行：

```
Player A: m point(s).
Player B: n point(s).
```

其中，m 是玩家 A 的总得分，n 是玩家 B 的总得分。

6.1.1　探索一个测试用例

如果仔细思考如何解决这个问题，你可能会想，我们是否可以现在就解决这个问题，而不需要学习任何新东西。事实上，我们可以。我们现在的情况很好。我们可以用列表来表示这副牌。我们知道如何使用列表中的 append 方法来向这副牌中添加一张牌。我们可以访问列表中的值来寻找大牌。我们甚至还可以使用 f 字符串输出玩家和得分信息。

不过，与其现在就动手，不如先看一个小例子。这样做是为了强调我们缺少 Python 的关键特性，该特性将使我们更容易组织解决方案并解决这个问题。

如果遍历 52 张牌的例子，我们会在这里呆上很长时间，所以我们用只有 10 张牌的小例子。这不是完整的测试用例，所以我们编写的程序不适用于它，但它足以让我们了解游戏的机制，以及解决方案必须做什么。下面是测试用例[①]：

```
queen
three
seven
king
nine
jack
eight
king
jack
four
```

玩家 A 拿了第一张牌，是一张 Q。Q 是一张大牌，玩家 A 可能得到 2 分，但我们要确认，在这张 Q 之后，这副牌至少还有 2 张牌。接下来，我们要检查接下来的这 2 张牌，

① 即牌面依次为 Q、3、7、K、9、J、8、K、J、4。——译者注

确认其中没有大牌。接下来的 2 张牌不是大牌（而分别是 3 和 7），所以玩家 A 得到 2 分。

玩家 B 现在拿第二张牌，是一张 3。3 不是大牌，所以玩家 B 不得分。

玩家 A 拿到一张 7。不得分。

玩家 B 拿到一张 K，所以玩家 B 有机会得到 3 分，在这张 K 之后，这副牌至少还有 3 张。我们必须检查接下来的 3 张牌，确认其中没有大牌。不幸的是，这 3 张牌中有一张大牌 J。玩家 B 不得分。

玩家 A 拿到一张 9，不得分。

玩家 B 拿到一张 J。这张 J 之后，这副牌至少还有 1 张牌。我们必须检查接下来 1 张牌，确认它不是大牌。好消息是，这不是一张大牌，而是一张 8，所以玩家 B 得到 1 分。

接下来，只有玩家 A 拿到倒数第二张牌（即 J）时会得到 1 分。

因此，这个测试用例的输出如下：

```
Player A scores 2 point(s).
Player B scores 1 point(s).
Player A scores 1 point(s).
Player A: 3 point(s).
Player B: 1 point(s).
```

请注意，每次有玩家拿到大牌时，我们需要检查两件事：一是这副牌是否拿完，二是余下的若干张牌中是否有大牌。对于第一件事，我们应该能够通过变量来记录有多少张牌被拿走了。第二件事就比较困难了，我们需要一些代码来检查一定数量的牌中是否有大牌。更糟糕的是，我们如果不够小心，很容易将非常相似的代码重复 4 次，分别用于检查 J 后面的 1 张牌、检查 Q 后面的 2 张牌、检查 K 后面的 3 张牌、检查 A 后面的 4 张牌。我们如果后来发现逻辑有缺陷，将不得不尝试在 4 个不同的地方修复它。

有没有一种 Python 特征，让我们只编写一次“检查是否有大牌”的逻辑并将其打包，然后调用 4 次？有的。这称为函数，体现为一个经过命名的代码块，执行一个小任务。函数对提升代码的组织性和清晰度至关重要。程序员喜爱使用它们。没有它们，编写像游戏和文字处理器这样的大型软件是异常困难的。

6.1.2 定义和调用函数

我们已经调用过 Python 中的函数。例如用 `input` 函数来读取输入。下面是一个没有实参的 `input` 函数的调用：

```
>>> s = input()
hello
>>> s
'hello'
```

我们还使用了 Python 的 `print` 函数来输出文本。下面是一个 `print` 的调用，带一个实参：

```
>>> print('well, well')
well, well
```

内置的 Python 函数是通用的，被设计为适用于各种场合。如果想要函数来解决特定的问题，我们需要自己定义它。

没有实参的函数

为了定义或创建一个函数，我们使用 Python 的 def 关键字。下面是一个输出 3 行的函数的定义：

```
>>> def intro():
...     print('*********')
...     print('*WELCOME*')
...     print('*********')
...
```

函数定义的结构与 if 语句或循环的结构相同。def 后面的名字是我们要定义的函数的名称，在这里，我们定义一个名为 `intro` 的函数。函数名称的后面有一对括号：`()`。我们将在后面看到，可以在这些括号中包含信息，以便向函数传递实参。这个 `intro` 函数不接受任何实参，所以括号中是空的。小括号后面是一个冒号。与 if 语句或循环一样，省略冒号会导致语法错误。在接下来的几行中，我们将语句缩进，这些缩进的语句在每次函数被调用时都会运行。

定义 `intro` 函数时，我们可能希望看到这个输出：

```
*********
*WELCOME*
*********
```

但它并不会自动输出。到目前为止，我们只是定义了函数，而没有调用它。定义一个函数没有任何可观察的效果，而只是把这个函数保存在计算机的内存中，以便以后调用。我们调用自己定义的函数，就像调用任何 Python 内置函数一样。这个函数不接受任何实参，在调用时使用一组空的括号：

```
>>> intro()
*********
*WELCOME*
*********
```

只要愿意，你可以随意调用这个函数。只要我们需要，它就在那里。

带实参的函数

我们的 `intro` 函数不是很灵活，因为它每次被调用时都做同样的事情。可以改变这个函数，以便向它传递实参。传递的实参可以影响这个函数的作用。下面是一个新版本的 `intro` 函数，它允许我们传递实参：

```
>>> def intro2(message):
...     line_length = len(message) + 2
...     print('*' * line_length)
...     print(f'*{message}*')
...     print('*' * line_length)
...
```

为了调用这个函数，我们提供字符串实参：

```
>>> intro2('HELLO')
```

```
*******
*HELLO*
*******
>>> intro2('WIN')
*****
*WIN*
*****
```

不能在没有实参的情况下调用这个 intro2 函数。如果我们尝试调用，会得到如下错误：

```
>>> intro2()
Traceback (most recent call last):
  File "<stdin>", line 1, in <module>
TypeError: intro2() missing 1 required positional argument: 'message'
```

这个错误提醒我们，没有为 message 提供实参（argument）。message 称为函数的形参（parameter）。当我们调用 intro2 时，Python 首先让 message 指向实参的值，也就是说，message 成为实参的别名。

我们可以创建带有多个形参的函数。下面的函数有 2 个形参（要输出的消息和次数）：

```
>>> def intro3(message, num_times):
...     for i in range(num_times):
...         print(message)
...
```

为了调用这个函数，我们提供 2 个实参。Python 按从左到右的顺序，将第一个实参的值赋给第一个形参，将第二个实参的值赋给第二个形参。在下面的调用中，'high'赋值给 message，5 赋值给 num_times：

```
>>> intro3('high', 5)
high
high
high
high
high
```

请确保提供正确数量的实参。对于 intro3，我们需要 2 个实参。其他的数量都是错误的：

```
>>> intro3()
Traceback (most recent call last):
  File "<stdin>", line 1, in <module>
TypeError: intro3() missing 2 required positional arguments: 'message'
and 'num_times'
>>> intro3('high')
Traceback (most recent call last):
  File "<stdin>", line 1, in <module>
TypeError: intro3() missing 1 required positional argument: 'num_times'
```

我们还必须确保提供正确类型的值。错误的类型不会阻止我们调用该函数，但它们会在函数中引发错误：

```
>>> intro3('high', 'low')
Traceback (most recent call last):
  File "<stdin>", line 1, in <module>
  File "<stdin>", line 2, in intro3
TypeError: 'str' object cannot be interpreted as an integer
```

结果中出现 TypeError 是因为 intro3 在变量 num_times 上使用了带范围的 for 循环。如果我们为 num_times 提供的实参不是整数，带范围的 for 循环就会失败。

关键字实参

在调用函数时，我们有可能改变形参和实参之间从左到右的对应关系。要做到这一点，可以按喜欢的顺序使用形参的名称。使用形参名称的实参被称为关键字实参。下面是它的工作原理：

```
>>> def intro3(message, num_times):
...     for i in range(num_times):
...         print(message)
...
>>> intro3(message='high', num_times=3)
high
high
high
>>> intro3(num_times=3, message='high')
high
high
high
```

这里的每个函数调用都使用 2 个关键字实参。关键字实参写成“形参-等号-对应实参”的格式。

你甚至可以先用普通实参，再用关键字实参：

```
>>> intro3('high', num_times=3)
high
high
high
```

但一旦使用了关键词实参，就不能再使用普通实参了：

```
>>> intro3(message='high', 3)
  File "<stdin>", line 1
SyntaxError: positional argument follows keyword argument
```

第 5 章中，我们在调用 sort 方法时使用了 reverse 关键字实参。Python 的设计者决定使 reverse 成为只用关键字的实参，这意味着不使用关键字实参就无法填入它的值。Python 也允许我们在自己的函数中这样做，但在本书中我们不需要这种程度的控制。

局部变量

形参的名称像普通变量一样，但在定义它们的函数中是局部的。也就是说，函数形参不存在于该函数之外：

```
>>> def intro2(message):
...     line_length + len(message) + 2
...     print('*' * line_length)
...     print(f'*{message}*')
...     print('*' * line_length)
...
>>> intro2('hello')
*******
*hello*
```

```
*******
>>> message
Traceback (most recent call last):
  File "<stdin>", line 1, in <module>
NameError: name 'message' is not defined
```

line_length 变量也是局部的吗？是的：

```
>>> line_length
Traceback (most recent call last):
  File "<stdin>", line 1, in <module>
NameError: name 'line_length' is not defined
```

如果事先有一个变量，那么在调用使用同名形参或局部变量的函数时，会发生什么？原变量的值会丢失吗？让我们来看看：


```
>>> line_length = 999
>>> intro2('hello')
*******
*hello*
*******
>>> line_length
999
```

还好，它仍然是 999，就像我们离开它时一样。局部变量在函数被调用时创建，在函数终止时销毁，所有这些都不会影响其他具有同样名称的变量。

函数可以访问在该函数之外创建的变量。然而，依赖这一点是不明智的，因为这样一来，该函数就不是自包含的了，这样的函数会假设它所期望的变量事先存在。在本书中，我们将编写一些只使用局部变量的函数。此类函数需要的所有信息，都将通过其形参提供。

可变的形参

形参是其相应实参的别名，可以用来改变一个可变的值。下面是一个从列表 lst 中删除所有出现的 value 的函数：

```
>>> def remove_all(lst, value):
...     while value in lst:
...         lst.remove(value)
...
>>> lst + [5, 10, 20, 5, 45, 5, 9]
>>> remove_all(lst, 5)
>>> lst
[10, 20, 45, 9]
```

请注意，我们通过一个变量将一个列表传给了 remove_all。如果你直接用一个列表的值来调用这个函数（而不是用一个指向列表的变量），这个函数就不会有任何有用的结果：

```
>>> remove_all([5, 10, 20, 5, 45, 5, 9], 5)
```

这个函数从列表中删除了所有的 5，但是因为我们没有使用变量，所以没有办法再次引用这个列表。

概念检查

以下代码的输出是什么？

```
def mystery(s, lst):
    s = s.upper()
    lst = lst + [2]

s = 'a'
lst = [1]
mystery(s, lst)

print(s, lst)
```

A. a [1]

B. a [1, 2]

C. A [1]

D. A [1, 2]

答案：A。当 mystery 被调用时，它的形参 s 被用来引用实参 s 所指的值，也就是字符串'a'。同样地，它的形参 lst 被用来引用实参 lst 所指的值，也就是列表[1]。在 mystery 中，s 和 lst 是局部变量。

现在让我们研究一下函数内的语句。

首先，s = s.upper()使得局部变量 s 为'A'（大写），但它并没有改变函数之外变量 s 的值'a'（小写）。

第二，lst = lst + [2]。在列表中使用+会创建一个新的列表（但不会改变现有的列表），这使得局部变量 lst 指向新的列表[1, 2]。然而，同样地，它并没有改变函数之外变量 lst 的值[1]。

我以前不是说过，函数可以改变一个可变的形参吗？我确实说过。然而，要做到这一点，你需要改变值本身，而不是改变局部变量所指的内容。比较一下前面的程序和下面的程序，其输出是不同的：

```
def mystery(s, lst):
    s.upper() # upper creates a new string
    lst.append(2) # append changes the list
s = 'a'
lst = [1]
mystery(s, lst)

print(s, lst)
```

返回值

回到“纸牌游戏”问题。我们现在的目标是定义一个函数来告诉我们在牌的列表中是否不含大牌。我们将这个函数命名为 no_high。虽然还没有编写 no_high，但是我们仍然可以说明希望达到的目的。下面是我们的目标：

```
>>> no_high(['two', 'six'])
True
```

```
>>> no_high(['eight'])
True
>>> no_high(['two', 'jack', 'four'])
False
>>> no_high(['queen', 'king', 'three', 'queen'])
False
```

我们希望前两次调用返回 True，因为传入的列表中没有大牌；第三次和第四次调用返回 False，因为传入的列表中至少有一张大牌。

如何定义函数来返回这些 True 和 False 值呢？

为了从函数中返回一个值，我们使用 Python 的 return 关键字。一旦遇到 return，函数的执行就会终止，返回指定的值给调用者：

```
>>> def no_high(lst):
...     if 'jack' in lst:
...         return False
...     if 'queen' in lst:
...         return False
...     if 'king' in lst:
...         return False
...     if 'ace' in lst:
...         return False
...     return True
...
```

我们首先检查列表中是否有任何'jack'（即 J）。如果有，我们就知道列表含有一张或多张大牌，所以立即返回 False。

如果函数没有返回，我们就知道牌中没有 J。但是可能还有其他的大牌，所以需要继续检查。其余的 if 语句分别检查 Q、K 和 A，如果其中任何一张在列表中，则返回 False。

如果我们没有碰到这 4 个返回语句中的任何一个，那么列表中就没有大牌。在这种情况下，我们返回 True。

若函数的 return 语句中没有给定值，则返回值为 None。如果你在写一个不返回任何有用结果的函数，并且需要在到达其代码的底部之前终止该函数，那么这很有用。

如果在循环内遇到 return，该函数仍然会立即终止，不管它的嵌套有多深。下面的例子中，return 让我们走出了嵌套的循环：

```
>>> def func():
...     for i in range(10):
...         for j in range(10):
...             print(i, j)
...             if j == 4:
...                 return
...
>>> func()
0 0
0 1
0 2
0 3
0 4
```

return 就像一个超级 break。有些人不喜欢在循环中使用 return，原因与他们不喜欢 break 一样：它会掩盖循环的目的和逻辑。在方便的时候，我会在循环中使用 return。return 与 break

不同，break 可以出现在任何地方，而 return 则被限制在函数中出现，与其他代码分开。如果函数很小，那么在循环中使用 return 可以帮助我们写出清晰的代码，而不会干扰周围的代码。

概念检查

下面这个版本的 no_high 正确吗？也就是说，如果列表中至少有一张大牌，它是否返回 True？否则，它是否返回 False？

```
def no_high(lst):
    for card in lst:
        if card in ['jack', 'queen', 'king', 'ace']:
            return False
        else:
            return True
```

A. 是的

B. 不是。例如，它对['two','three']返回错误的值

C. 不是。例如，它对['jack']返回错误的值

D. 不是。例如，它对['jack','two']返回错误的值

E. 不是。例如，它对['two','jack']返回错误的值

答案：E。if-else 语句使循环总是在其第一次迭代中终止。如果第一张牌是大牌，函数终止并返回 False；如果第一张牌不是大牌，函数终止并返回 True。

它不看任何其他的牌！这就是为什么它对['two','jack']失效：第一张牌不是大牌，所以函数返回 True。返回 True 告诉我们，列表中没有大牌。但是这是不对的，因为列表中有一张 J！这个函数错了。它应该返回 False。

6.1.3 函数文档

我们现在很清楚 no_high 函数是做什么的、应该如何调用它。然而，在几个月后，当旧代码的目的不容易被想起时，怎么办？而一旦程序中积累了大量代码，使我们难以记住每个函数的作用，又该怎么办？

对于我们编写的每个函数，我们都会添加文档，说明每个形参的含义和函数的返回值。这样的文档被称为 docstring，意思是“文档字符串”。文档字符串应该写在函数块的第一行。下面是带有文档的 no_high 函数：

```
>>> def  no_high(lst):
...      """
...      lst is a list of strings representing cards.
...
...      Return True if there are no high cards in lst, False otherwise.
...      """
...      if 'jack' in lst:
...          return   False
...      if 'queen' in lst:
```

```
...             return   False
...         if 'king' in lst:
...             return   False
...         if 'ace' in lst:
...             return   False
...         return   True
...
```

文档字符串以3个双引号（"""）开始和结束。像单引号（'）或双引号（"）一样，3个双引号可以用来开始和结束任何字符串。用3个引号创建的字符串称为“三引号字符串”（3个单引号也可以，但Python的惯例是使用3个双引号）。它们的好处是让我们在字符串中添加多行文本，只需在添加每行后按下回车键即可；用'或"创建的字符串不能像这样跨行。我们在文档字符串中使用三引号字符串，这样就可以包括任意多的行。

这里的文档字符串告诉我们 `lst` 是什么：它是代表牌组的字符串列表。它还告诉我们，这个函数返回 `True` 或 `False`，以及每个返回值意味着什么。这些信息足以让人在不了解具体代码的情况下调用这个函数。只要知道函数的作用，就可以直接使用它。我们一直都在使用 Python 函数，而不需要看它们内部的代码。`print` 是如何工作的？`input` 是如何工作的？我们不知道！但这并不重要：我们知道这些函数是做什么的，所以可以专注于调用它们。

6

对于有多个形参的函数，文档字符串应该为每个形参命名并给出其预期类型。这里是我们在6.1.2小节提到的 `remove_all`。它带有一个合适的文档字符串：

```
>>> def  remove_all(lst, value):
...      """
...      lst is a list.
...      value is a value.
...
...      Remove all occurrences of value from lst.
...      """
...      while value in lst:
...          lst.remove(value)
...
```

请注意，这个文档字符串并没有谈到返回任何东西。那是因为这个函数并没有返回任何有用的东西！它从 `lst` 中删除一些值，仅此而已。

6.1.4 解决问题

我们刚刚学会了定义和调用函数的基本知识。在本书的其余部分，每当我们面临大的问题时，就能将它分解为较小的任务，每个任务都由一个函数来解决。

让我们在解决“纸牌游戏”问题的过程中使用 `no_high` 函数。代码在清单6-1中。

清单6-1：解决“纸牌游戏”问题

```
❶ NUM_CARDS = 52


❷ def no_high(lst):
      """
      lst is a list of strings representing cards.
```

```
    Return True if there are no high cards in lst, False otherwise.
    """
    if 'jack' in lst:
        return False
    if 'queen' in lst:
        return False
    if 'king' in lst:
        return False
    if 'ace' in lst:
        return False
    return True


❸ deck = []

❹ for i in range(NUM_CARDS):
    deck.append(input())

score_a = 0
score_b = 0
player = 'A'

❺ for i in range(NUM_CARDS):
    card = deck[i]
    points = 0
  ❻ remaining = NUM_CARDS - i - 1
  ❼ if card == 'jack' and remaining >= 1 and no_high(deck[i+1:i+2]):
        points = 1
    elif card == 'queen' and remaining >= 2 and no_high(deck[i+1:i+3]):
        points = 2
    elif card == 'king' and remaining >= 3 and no_high(deck[i+1:i+4]):
        points = 3
    elif card == 'ace' and remaining >= 4 and no_high(deck[i+1:i+5]):
        points = 4

  ❽ if points > 0:
        print(f'Player {player} scores {points} point(s).')

  ❾ if player == 'A':
        score_a = score_a + points
        player = 'B'
    else:
        score_b = score_b + points
        player = 'A'

print(f'Player A: {score_a} point(s).')
print(f'Player B: {score_b} point(s).')
```

我引入了常数 NUM_CARDS 来指代 52❶。我们将在代码中多次使用它，而且记住 NUM_CARDS 的含义比记住 52 的含义更容易。

接下来我们定义 no_high 函数，并编写文档字符串，我们已经深入讨论过❷。我们总是把函数放在程序的顶部附近。这样，这些函数就可以被后面的任何代码调用。

程序的主要部分从创建一个列表开始，该列表将保存这副牌❸。然后，我们从输入中读取牌❹，并将每张牌追加到这副牌中。你会注意到，牌并没有真正被从这副牌中移出或取出（在整个程序执行过程中，列表保持原样），而我们本可以这样做。作为替代，我选择跟踪我们在这副牌中的位置，这样我们就知道该位置的下一张牌会被拿走。

还有 3 个关键变量需要维护：score_a（玩家 A 的当前总分）、score_b（玩家 B 的当前总分）、player（当前玩家）。

下一个任务是查看这副牌中的每张牌，为玩家记分。普通的 for 循环会让我们看到当前的牌。然而，这还不够：如果当前的牌是一张大牌，那么我们也必须能够查看后来的牌。为了方便，我们使用了带范围的 for 循环❺。

在这个循环的每一次迭代中，我们都会根据当前玩家从这副牌中取出的牌，确定奖励该玩家的分数。每条获得分数的规则都取决于这副牌是否有一定数量的剩余牌。remaining 变量❻告诉我们剩余牌数。当 i 为 0 时，剩余牌数是 51，因为我们刚拿了第一张牌。当 i 为 1 时，剩余牌数为 50，因为我们刚拿了第二张牌。一般来说，剩余牌数的表达式就是牌的总数减去 i 再减去 1。

现在我们有 4 次判断，每种得分方式都对应一次判断❼，以检查当前的牌和剩余牌数。如果判断中的条件都是 True，就调用 no_high 函数，其中实参是这副牌中包含适当数量牌的切片。例如，如果当前的牌是'jack'，并且至少还有 1 张牌，那么我们将一个长度为 1 的列表传递给 no_high❽。如果 no_high 返回 True，那么在该列表切片中就没有大牌，所以当前玩家可以得到分数。points 变量决定了将获得的分数，它在循环的每次迭代中从 0 开始，并根据情况设置为 1、2、3 或 4。

如果玩家获得了分数，我们就会输出一条信息，指出得分的玩家及所得分数。

当前迭代还要做的就是将分数加到当前玩家的分数上，并设置轮到其他玩家。我们通过一个 if-else 语句❾来完成这两项任务。（如果在这个迭代中 points 为 0，那么一个无害的 0 将被添加到玩家的分数中。没有理由显式测试并避免这种情况。）

最后的两个 print 调用输出每个玩家的总分。

我们到了终点：这个问题的解决方案使用了一个函数来组织代码，使代码更容易阅读。请放心地将代码提交给评测网站，你应该看到所有的测试用例都通过了。

6.2 问题 15：可动人偶

为了解决“纸牌游戏”问题，我们首先通过一个例子，该例子强调了函数可能有用的地方。现在，我们要用函数来解决另一个问题，但要用更系统的方法来发现需要的函数。

这是 Timus 上序号为 2144 的问题。这是本书中唯一来自 Timus 在线评测网站的问题。要找到这个问题，请到 Timus 网站，选择 Problem set，选择 Volume 12，然后找到问题 2144（它在网站上叫作 Cleaning the Room）。

挑战

莉娜有 *n* 个未开封的可动人偶盒子。盒子不能打开（否则可动人偶就会贬值），所以盒子里的可动人偶的顺序不能改变。此外，盒子不能旋转（否则可动人偶会朝向错误的方向）。

每个可动人偶都是由其高度指定的。例如，其中一个盒子可能有 3 个可动人偶，从左到右，高度分别为 4、5、7。当我谈论一箱可动人偶时，总是从左到右列出高度。

莉娜想整理这些盒子，也就是把这些盒子排列起来，使可动人偶的高度从左到右依次递增或保持不变。

她是否能整理盒子取决于盒子里的可动人偶的高度。例如，如果第一个盒子里的可动人偶高度为 4、5、7，第二个盒子里的可动人偶高度为 1 和 2，那么她可以把第二个盒子放在前面来整理这些盒子。然而，如果保持第一个盒子的可动人偶不变，并把第二个盒子改成有高度为 6 和 8 的可动人偶，她就没有办法整理这些盒子。

请判断莉娜是否有可能整理这些盒子。

输入

输入由以下几行组成。

- 一行包含整数 *n*，即盒子的数量。*n* 的取值范围为 1～100。
- *n* 行，每个盒子一行。每一行都以整数 *k* 开始，表示这个盒子里的可动人偶的数量，*k* 的取值范围为 1～100（因为 *k* 至少是 1，所以我们不必担心空盒子的问题）。在 *k* 之后，有 *k* 个整数表示这个盒子里的可动人偶从左到右的高度。每个高度都是 1～10000 范围内的整数。整数之间都以空格分隔。

输出

如果莉娜能整理这些盒子，则输出 YES，否则输出 NO。

6.2.1　表示盒子

这个问题由几个小问题组成，每个问题都可以通过函数解决。首先让我们看看如何用 Python 表示这些盒子，然后设计函数。

在第 5 章解决“面包房奖金”问题时，我们了解到列表可以有其他列表作为值。这使得我们可以在列表中嵌套列表。我们可以用这种方式来表示可动人偶的盒子。例如，这里有一个代表 2 个盒子的列表：

```
>>> boxes = [[4, 5, 7], [1, 2]]
```

第一个盒子有 3 个可动人偶，第二个盒子有 2 个。我们可以单独访问每个盒子：

```
>>> boxes[0]
[4, 5, 7]
>>> boxes[1]
[1, 2]
```

我们将像这样从输入中读取盒子的内容，并将这些信息放入嵌套列表。然后，用这个嵌套列表来确定这些盒子是否可以整理好。

6.2.2　自顶向下的设计

我们将使用一种程序设计方法来解决这个问题，称为自顶向下的设计。自顶向下的设计将一个大问题分成几个小问题。这很有用，因为每个小问题都会更容易解决。

将这些子问题的解决方案组合起来，就可以解决原来的问题。

进行自顶向下的设计

以下是自顶向下设计的工作方式。我们先写一个不完整的Python程序，记录解决方案中的主要步骤。其中一些步骤不需要太多的代码，所以可以直接解决它们。其他的步骤则需要我们付出更多的努力，将每一个步骤变成需要调用的函数。我们也可以通过代码和函数来实现一个步骤。然而，这些函数还不存在。我们必须要写出它们！

为了编写一个函数，我们对该函数的任务重复同样的过程。也就是说，首先写下该函数的步骤。如果可以直接为某个步骤写代码，我们就写，否则就调用另一个函数（我们以后会写）来处理这个步骤。

我们一直这样做，直到没有更多的函数要写。到那时，就有了一个解决问题的方案。

这称为自顶向下的设计，因为我们从问题的顶层（即最高层）开始，一路向下，深入问题的内部，直到每个步骤都被完全写进代码。现在要用这个方法来解决“可动人偶”问题。

最高层

开始设计时，把重点放在需要解决的主要任务上。

我们肯定要读取输入，所以这是第一个任务。

现在，假设我们已经读取了输入。要做什么来确定这些盒子是否可以整理？一件重要的事情是检查每一个盒子，以确保它的可动人偶符合高度顺序。例如对于盒子[18,20,4]，其中的高度不符合顺序，这意味着我们没有机会整理所有的盒子，甚至不能单独整理这个盒子！

因此，这就是我们的第二个任务：确定每个盒子，就其本身而言，是否符合可动人偶的顺序。如果其中任何一个盒子的可动人偶不符合顺序，我们就知道这些盒子无法整理。如果所有盒子都没问题，那么我们还有更多的东西要检查。

如果每个盒子本身都没有问题，那么下一个问题就是可否整理所有的盒子。在这里有一个重要结论：从现在开始，我们只关心每个盒子左右两边的可动人偶。它们之间的可动人偶已经不重要了。

请考虑一下这个例子，我们有3个盒子：

```
[[9, 13, 14, 17, 25],
 [32, 33, 34, 36],
 [1, 6]]
```

第一个盒子从一个高度为9的可动人偶开始，以一个高度为25的可动人偶结束。放在这个盒子左边的可动人偶的高度都必须是9或更低。例如，可以把第三个盒子放在这个盒子的左边。放在这个盒子右边的可动人偶的高度都必须是25或更大的值。例如，可以把第二个盒子放在这个盒子的右边。高度为13、14和17的可动人偶不会有任何变化，仿佛它们不存在。

这就是我们的第三个任务：除了盒子的两端，忽略其他所有可动人偶。

在第三个任务之后，我们会有一个看起来像这样的列表：

```
[[9, 25],
 [32, 36],
```

```
 [1, 6]]
```

如果首先对这些盒子进行排序，我们就会更容易知道是否可以整理这些盒子，就像这样：

```
[[1, 6],
 [9, 25],
 [32, 36]]
```

现在，我们很容易看出一个盒子的相邻盒子一定是什么（我们在第 5 章解决“村庄邻域”问题时也使用了类似的方法）。因此，我们的第四个任务是对这些盒子进行排序。

我们的第五个也是最后一个任务，是确定这些排序后的盒子是否整理好。如果可动人偶的高度从左到右排序，它们就是整理好的。高度为 1、6、9、25、32、36 的可动人偶是正确排序的，所以前面的盒子可以整理好。请考虑这个例子：

```
[[1, 6],
 [9, 50],
 [32, 36]]
```

这些盒子不能整理好，因为第二个盒子里有个很高的可动人偶。第二个盒子占据了 9～50 的高度范围，导致第三个盒子不能放在第二个盒子的右边。

现在我们已经完成了对问题的研究，并确定了 5 个主要任务。

1. 读输入。
2. 检查所有的盒子是否有问题。
3. 获得一个新的盒子列表，其中只有每个盒子中左边和右边可动人偶的高度。
4. 对这些新盒子排序。
5. 判断这些排序后的盒子是否整理好。

你可能会问，为什么我们有一个读输入的任务，而没有一个写输出的任务。对于这个问题，写输出只是根据需要输出 YES 或 NO，不会有太多内容。此外，一旦我们知道答案，我们就会输出 YES 或 NO，所以输出将与其他任务交错进行。出于这些原因，我决定不把它作为一个主要任务。当你自己进行自顶向下的设计时，如果发现遗漏了一个步骤，请不要担心。你可以直接添加它，然后继续进行你的设计。

下面的代码中记录了所需的任务：

```
❶ # Main Program

  # TODO: Read input

  # TODO: Check whether all boxes are OK

  # TODO: Obtain a new list of boxes with only left and right heights

  # TODO: Sort boxes

  # TODO: Determine whether boxes are organized
```

我称这些任务为主程序（main program）。任何函数都应该包含在这个程序中，并放在 # Main Program❶之前。

每个任务暂时只写成一个注释。这些 TODO 标记是为了强调，也是从英语到 Python 的转换过程。一旦我们完成了一个任务，就会删除它对应的 TODO 字样。这样，我们就可以跟踪已经完成和未完成的任务。开始行动吧！

任务 1：读输入

我们需要读取包含盒子数量的行，然后读取盒子。读取一个整数可以在单行中完成，所以我们直接读取 n。此外，读取盒子是一个定义明确的任务，需要几行代码，所以用一个函数来解决这个问题。我们称之为 read_boxes：

```
# Main Program

❶ # Read input
n = int(input())
boxes = read_boxes(n)

# TODO: Check whether all boxes are OK

# TODO: Obtain a new list of boxes with only left and right heights

# TODO: Sort boxes

# TODO: Determine whether boxes are organized
```

我已经删除了注释中的 TODO❶，因为从主程序的角度来看，我们已经解决了这个任务。当然，我们确实需要编写 read_boxes 函数，所以现在让我们来做这件事。

read_boxes 函数接受一个整数 n 作为形参，读取并返回 n 个盒子：

```
def read_boxes(n):
    """
    n is the number of boxes to read.

    Read the boxes from the input, and return them as a
    list of boxes; each box is a list of action figure heights.
    """
    boxes = []
❶   for i in range(n):
        box = input().split()
❷       box.pop(0)
        for i in range(len(box)):
            box[i] = int(box[i])
        boxes.append(box)
    return boxes
```

我们需要读取 n 个盒子，所以循环 n 次❶。在这个循环的每个迭代中，我们读取当前行，并将它切分成各个可动人偶的高度。该行开始时有一个整数，表示该行中的高度数，所以我们在继续之前，从列表中删除该值（位于索引 0）❷，然后把每个高度转换为整数，并把当前的盒子加入盒子的列表中，最后返回盒子的列表。

我们没有把 read_boxes 的任何部分推给某个尚未写好的函数，所以我们完成了这项任务！记得将这个函数以及我们将要编写的其他函数放在# Main Program 注释之前。

任务 2：检查所有盒子是否有问题

每一个盒子中的可动人偶都符合从最低到最高的顺序吗？好问题，而且我们不知道如何用一两行代码来回答。我们靠一个新函数 all_boxes_ok 来回答。如果该函数返回 False，那么至少有一个盒子的高度不按顺序，所以我们无法整理这些盒子。在这种情况下，我们应该输出

NO。如果 all_boxes_ok 返回 True，那么我们应该执行剩下的任务，以确定这些盒子是否可以整理好。我们将这一点 if-else 逻辑也加入程序中。下面是结果：

```
# Main Program

# Read input
n = int(input())
boxes = read_boxes(n)

# Check whether all boxes are OK
❶ if not all_boxes_ok(boxes):
    print('NO')
else:
    # TODO: Obtain a new list of boxes with only left and right heights

    # TODO: Sort boxes

    # TODO: Determine whether boxes are organized
```

现在需要编写我们调用的 all_boxes_ok 函数❶。可以检查每个盒子中的高度值，以确定是否符合顺序。如果它不是按顺序排列的，就立即返回 False。如果它是按顺序排列的，就检查下一个盒子。如果检查完了每个盒子，且它们中的高度值都是按顺序排列的，就返回 True。

啊哈，所以我们需要能够检查一个单独的盒子！对我来说，这听起来像是另一个函数。我们称之为 box_ok。

下面是 all_boxes_ok 的内容：

```
def all_boxes_ok(boxes):
    """
    boxes is a list of boxes; each box is a list of action figure heights.

    Return True if each box in boxes has its action figures in
    nondecreasing order of height, False otherwise.
    """
    for box in boxes:
        if not box_ok(box):
            return False
    return True
```

我在注释中使用了 nondecreasing（非递减）这个词，而不是 increasing（递增），因为可动人偶的高度可以相等。例如，盒子[4,4,4]没问题，但声称这个盒子是“递增”的有些不合适。

我们已经将 all_boxes_ok 任务的一部分推给了 box_ok，所以接下来编写 box_ok 函数：

```
def box_ok(box):
    """
    box is the list of action figure heights in a given box.

    Return True if the heights in box are in nondecreasing order,
    False otherwise.
    """
    for i in range(len(box)):
        if box[i] > box[i + 1]:
            return False
    return True
```

如果任何一个高度大于其右边的高度，就返回 False，因为这些高度是不符合顺序的。如果我们通过了 for 循环，就没有不符合顺序的高度，所以返回 True。

使用自顶向下设计有一个很好的作用：我们可以将小块的代码包装成函数，孤立地进行测试。例如，在 Python Shell 中输入 box_ok 的代码，然后测试它：

```
>>> box_ok([4, 5, 6])
```

我们希望这里返回 True，因为该盒子符合从小到大的高度顺序。我们当然不希望看到这样的信息：

```
Traceback (most recent call last):
  File "<stdin>", line 1, in <module>
  File "<stdin>", line 9, in box_ok
IndexError: list index out of range
```


错误从来都不好玩，如果我们不得不在一页又一页的代码中寻找它们，就更无聊了。然而，在这里，我们知道错误是在这个小函数中发生的，所以寻找错误的工作就大大减少了。这里的问题是，我们最终会将最右边的高度与它右边的高度进行比较，但后者并不存在！所以需要提前一次停止迭代，将倒数第二个高度值与最后一个高度值进行比较。下面是更新后的代码：

```
def box_ok(box):
    """
    box is the list of action figure heights in a given box.

    Return True if the heights in box are in nondecreasing order,
    False otherwise.
    """
❶   for i in range(len(box) - 1):
        if box[i] > box[i + 1]:
            return False
    return True
```

唯一的变化是对 range 的调用❶。如果测试这个版本的函数，你会看到它按要求工作。我们完成了任务 2！

任务 3：获得只有左右高度的新盒子列表

现在我们已经掌握了自顶向下设计的窍门。在这个任务中，我们需要一种方法，将包含所有可动人偶的盒子转化为只包含最左边和最右边可动人偶的盒子。我将把最左边和最右边的可动人偶高度称为盒子的端点。

一种方法是创建只有端点的新盒子列表，这也是这里要做的。你也可以考虑将一些高度从原来的盒子中移除，尽管这有点棘手。

我称这个任务的函数为 boxes_endpoints。下面是程序的主要部分，通过调用该函数进行更新：

```
# Main Program

# Read input
n = int(input())
```

```
boxes = read_boxes(n)

# Check whether all boxes are OK
if not all_boxes_ok(boxes):
    print('NO')
else:
    # Obtain a new list of boxes with only left and right heights
❶   endpoints= boxes_endpoints(boxes)

   # TODO: Sort boxes

   # TODO: Determine whether boxes are organized
```

用盒子的列表来调用 boxes_endpoints 时❶，我们期望得到一个只有盒子端点的新列表。下面是满足这一描述的 boxes_endpoints 代码：

```
def boxes_endpoints(boxes):
    """
    boxes is a list of boxes; each box is a list of action figure heights.

    Return a list where each value is a list of two values:
    the heights of the leftmost and rightmost action figures in a box.
    """
❶   endpoints = []
    for box in boxes:
    ❷ endpoints.append([box[0], box[-1]])
    return endpoints
```

我们创建新的列表❶，保存每个盒子的端点，然后我们循环遍历这些盒子。针对每个盒子，我们利用索引找到盒子里最左边和最右边的高度，并将它们追加到端点列表❷。最后，我们返回端点列表。

等一下，如果盒子中只有一个可动人偶，会怎样？boxes_endpoints 函数会怎么处理它？根据它的文档字符串，它将为任何有效的盒子返回一个包含两个值的列表。因此，这最好就是实际会发生的情况。否则，这个函数就没有履行它的承诺。让我们来测试一下。输入 boxes_endpoints 函数，用只有一个可动人偶的盒子的列表来测试它：

```
>>>  boxes_endpoints([[2]])
[[2, 2]]
```

成功了！最左边的高度是 2，最右边的高度也是 2，所以我们得到一个有两个 2 的列表。

我们的函数在这种情况下工作正常，当 box 只有一个值时，box[0]和 box[-1]指同一个值（不要担心可能出现空盒子，问题描述中禁止出现空盒子）。

任务 4：对盒子排序

此时，我们有一个端点的列表，类似这样：

```
>>> endpoints = [[9, 25], [32, 36], [1, 6]]
>>> endpoints
[[9, 25], [32, 36], [1, 6]]
```

我们想对它排序。是否需要另一个函数来处理这个问题？某个 sort_endpoints 函数？

这次不需要！列表的 sort 方法正好能满足需求：

```
>>> endpoints.sort()
>>> endpoints
[[1, 6], [9, 25], [32, 36]]
```

当在一个双值列表上调用时，sort 使用第一个值进行排序（如果第一个值相等，那么它进一步使用第二个值进行排序）。

我们可以立即更新程序的主要部分，调用 sort，并删除另一个 TODO。下面是更新后的代码：

```
# Main Program

# Read input
n + int(input())
boxes + read_boxes(n)

# Check whether all boxes are OK
if not all_boxes_ok(boxes):
    print('NO')
else:
    # Obtain a new list of boxes with only left and right heights
    endpoints + boxes_endpoints(boxes)

    # Sort boxes
    endpoints.sort()

    # TODO: Determine whether boxes are organized
```


我们快完成了。只剩下一个 TODO。

任务 5：判断盒子是否整理好

最后一项任务是检查这些端点。它们可能是按顺序排列的，像这样：

```
[[1, 6],
 [9, 25],
 [32, 36]]
```

也可能不是按顺序排列的，像这样：

```
[[1, 6],
 [9, 50],
 [32, 36]]
```

在前一种情况下，应该输出 YES；在后一种情况下，应该输出 NO。我们需要一个函数来告诉我们，这些端点是否符合顺序。最后一次更新程序的主要部分如下：

```
# Main Program

# Read input
n = int(input())
boxes = read_boxes(n)

# Check whether all boxes are OK
if not all_boxes_ok(boxes):
    print('NO')
else:
    # Obtain a new list of boxes with only left and right heights
    endpoints = boxes_endpoints(boxes)
```

```
    # Sort boxes
    endpoints.sort()

    # Determine whether boxes are organized
❶  if all_endpoints_ok(endpoints):
        print('YES')
    else:
        print('NO')
```

现在，距离完整解决方案只差 `all_endpoints_ok` 函数❶。它接收一个列表，其中每个值是一个端点的列表，如果这些端点符合顺序，则返回 `True`，否则返回 `False`。

我们通过一个例子来感受一下如何实现这个函数。下面是要使用的端点列表：

```
[[1, 6],
 [9, 25],
 [32, 36]]
```

第一个盒子的右端点为 6。因此，第二个盒子最好有一个至少为 6 的左端点。如果没有，就返回 `False`，表明端点不符合顺序。这里第二个盒子的左端点是 9。

现在我们用第二个盒子的右端点 25 来重复这个检查。第三个盒子的左端点是 32，而 32 大于 25。

一般来说，如果存在一个盒子的左端点小于前一个盒子的右端点的情况，就返回 `False`，否则返回 `True`。

下面是代码：

```
def all_endpoints_ok(endpoints):
    """
    endpoints is a list, where each value is a list of two values:
    the heights of the leftmost and rightmost action figures in a box.

 ❶ Requires: endpoints is sorted by leftmost action figure heights.

    Return True if the endpoints came from boxes that can be
    put in valid order, False otherwise.
    """
 ❷  maximum + endpoints[0][1]
    for i in range(1, len(endpoints)):
        if endpoints[i][0] < maximum:
            return False
     ❸  maximum + endpoints[i][1]
    return True
```

文档字符串中添加了一些信息，提醒我们这个函数被调用时需要什么❶。具体来说，我们必须记住在调用这个函数之前对端点排序。否则，这个函数可能会返回错误的值。

`endpoints` 中的每个值都是包含两个值的列表：索引 0 代表最左边（最小），索引 1 代表最右边（最大）。该代码使用 `maximum` 变量来跟踪盒子的最大高度。在 for 循环之前，它指向第一个盒子的最大高度❷。for 循环会比较下一个盒子的最小值和最大值。如果下一个盒子的最小值太小，我们会返回 `False`，因为这两个盒子无法整理。在每个迭代中要做的最后一件事是更新 `maximum`，使它指向下一个盒子的最大值❸。

6.2.3 解决问题

在为所有的任务编写了代码，包括作为设计的一部分而出现的函数之后，我们准备将全部代码整合成一个完整的解决方案。你可以决定是否在程序的主要部分保留注释。我把它们留了下来，但在实践中，这可能是过度文档化的代码，因为函数名本身就说明了代码正在做什么。完整的代码见清单 6-2。

清单 6-2：解决“可动人偶”问题

```
def read_boxes(n):
    """
    n is the number of boxes to read.

    Read the boxes from the input, and return them as a
    list of boxes; each box is a list of action figure heights.
    """
    boxes = []
    for i in range(n):
        box = input().split()
        box.pop(0)
        for i in range(len(box)):
            box[i] = int(box[i])
            boxes.append(box)
    return boxes


def box_ok(box):
    """
    box is the list of action figure heights in a given box.

    Return True if the heights in box are in nondecreasing order,
    False otherwise.
    """
    for i in range(len(box) - 1):
        if box[i] > box[i + 1]:
            return False
    return True


def all_boxes_ok(boxes):
    """
    boxes is a list of boxes; each box is a list of action figure heights.

    Return True if each box in boxes has its action figures in
    nondecreasing order of height, False otherwise.
    """
    for box in boxes:
        if not box_ok(box):
            return False
        return True


def boxes_endpoints(boxes):
    """
    boxes is a list of boxes; each box is a list of action figure heights.
```

```
    Return a list, where each value is a list of two values:
    the heights of the leftmost and rightmost action figures in a box.
    """
    endpoints = []
    for box in boxes:
        endpoints.append([box[0], box[-1]])
    return endpoints


def all_endpoints_ok(endpoints):
    """
    endpoints is a list, where each value is a list of two values:
    the heights of the leftmost and rightmost action figures in a box.

    Requires: endpoints is sorted by leftmost action figure heights.

    Return True if the endpoints came from boxes that can be
    put in valid order, False otherwise.
    """
    maximum = endpoints[0][1]
    for i in range(1, len(endpoints)):
        if endpoints[i][0] < maximum:
            return False
        maximum = endpoints[i][1]
    return True


# Main Program

# Read input
n = int(input())
boxes = read_boxes(n)

# Check whether all boxes are OK
if not all_boxes_ok(boxes):
    print('NO')
else:
    # Obtain a new list of boxes with only left and right heights
    endpoints = boxes_endpoints(boxes)
    # Sort boxes
    endpoints.sort()

    # Determine whether boxes are organized
    if all_endpoints_ok(endpoints):
        print('YES')
    else:
        print('NO')
```

这是我们目前写过的最长的程序。但是，看看这个程序的主要部分是多么整洁和简约：它主要是对函数的调用，并且用一点点 if-else 逻辑把这些调用黏合在一起。

我们在这里对每个函数只调用一次（请与我们在“纸牌游戏”问题中调用了 4 次的 no_high 函数比较）。即使一个函数只调用一次，自顶向下的设计仍然有助于编写组织良好、可读的代码。

是时候将代码提交给 Timus 评测网站了。你应该看到，所有的测试用例都通过了。

概念检查

在任务 2 中，我们编写了函数 box_ok，用于确定单个盒子的高度是否符合顺序。它用了一个带范围 for 循环。下面这个 box_ok 的 while 循环版本是否正确？

```
def box_ok(box):
    """
    box is the list of action figure heights in a given box.

    Return True if the heights in box are in nondecreasing order,
    False otherwise.
    """
    ok = True
    i = 0
    while i < len(box) - 1 and ok:
        if box[i] > box[i + 1]:
            ok = False
        i + i = 1
    return ok
```

A. 是的

B. 不是。它可能导致“IndexError”的结果

C. 不是。它不会引起任何错误，但它可能会返回错误的值

答案：A。这相当于我们先前使用的带范围的 for 循环的版本。ok 变量一开始是 True，意味着我们检查过的所有高度都没有问题（因为我们还没有检查过任何高度！）。只要有更多的盒子需要检查，并且没有高度不符合顺序的情况，while 循环就会继续。如果一个可动人偶不符合顺序，ok 就被设置为 False，循环就终止了。如果所有的可动人偶都符合顺序，那么 ok 的值就不会从 True 变成 False。因此，当我们在函数的底部返回 ok 时，如果所有的可动人偶都是按顺序排列的，就返回 True；如果不是，就返回 False。

6.3 小结

在本章中，我们学习了函数。函数是独立的代码块，能解决大问题的一小部分。我们学习了如何向函数传递信息（通过实参）和获取信息（通过返回值）。

为了首先确定要写哪些函数，我们可以使用自顶向下的设计。自顶向下的设计可以帮助我们将一个大问题的解决方案分成若干小的步骤。对于每一个步骤，如果可以，我们就直接解决它；如果不能直接解决，我们就为它写一个函数。如果某个步骤过于烦琐，我们可以进一步对它进行自顶向下的设计。

在第 7 章，我们将学习如何读写文件，而不是使用标准输入和标准输出。随着知识疆域的不断扩展，我们会在第 7 章和本书的其他部分发现函数的许多用途。请通过以下一些练习来增强你使用函数的信心。

6.4　练习

这里有一些练习供你尝试。对于每一个练习，使用自顶向下的设计来确定一个或多个函数，帮助你组织代码。请为每个函数编写文档字符串！

1．DMOJ 上代码为 ccc13s1 的问题：From 1987 to 2013。

2．DMOJ 上代码为 ccc18j3 的问题：Are we there yet?。

3．DMOJ 上代码为 ecoo12r1p2 的问题：Decoding DNA。

4．DMOJ 上代码为 crci07p1 的问题：Platforme。

5．DMOJ 上代码为 coci13c2p2 的问题：Misa。

6．重温第 5 章中的一些练习，通过使用函数来改进你的解决方案。我特别建议重温 DMOJ 上代码为 coci18c2p1 的问题（Preokret）和 DMOJ 上代码为 ccc00s2 的问题（Babbling Brooks）。

6.5　备注

“纸牌游戏”问题来自 1999 年的加拿大计算机竞赛。“可动人偶”问题来自 2019 年的乌拉尔学校编程竞赛。

许多现代编程语言，包括 Python，支持两种不同的编程范式。一种是基于函数的，这就是我们在本章中学习的。另一种是基于对象的，并导致一种被称为面向对象编程（Object-Oriented Programming，OOP）的范式。OOP 包括定义新的类型和为这些类型编写方法。我们在书中一直使用 Python 类型（如整数和字符串），但不会在其他方面讨论 OOP。关于 OOP 的介绍，以及 OOP 在实践中的案例研究，我推荐 Eric Matthes 的《Python 编程：从入门到实践》（第 2 版，2019 年）。

第7章 读写文件

7

至此，我们已经学会用 input 函数读取输入，用 print 函数写下输出。这两个函数分别实现了从标准输入（默认为键盘）读取和写到标准输出（默认为屏幕）。虽然我们可以用输入和输出重定向来改变这些默认值，但有时程序需要对文件进行更多控制。例如，文字处理器允许你打开任何你喜欢的文档文件，并以任何你喜欢的名字保存文件，而不需要你去折腾什么标准输入和标准输出。

在本章中，我们将学习如何编写操作文本文件的程序。我们将用文件来解决两个问题：正确格式化一篇文章和在牧场里种草喂奶牛。

7.1 问题 16：文章格式化

这个问题与我们之前所解决的所有问题有一个重要的区别：这个问题要求我们从特定的文件中读取和写入！在阅读问题描述时，要注意这一点。

这是 USACO 2020 年 1 月铜牌赛的问题 Word Processor（文字处理器）。这是本书第一个来源于USACO网络的问题。要找到这个问题，请访问USACO网站，选择Contests中的2020 January Contest Results，然后选择 Word Processor 中的 View problem。

挑战

贝西正在写一篇文章。文章中的每个单词都只包含小写或大写的字符。她的老师规定了每行可以出现的最大字符数，不计空格。为了满足这一要求，贝西用以下规则写下文章中的单词。

- 如果下一个单词可以写在当前行，就将它加到当前行（单词之间包括一个空格）。
- 否则，将这个单词放在新的一行，该行成为新的当前行。

输出文章，每行都要有正确的单词。

输入

从名为 word.in 的文件中读取输入。

输入由两行组成。

- 第一行包含两个整数，用空格隔开。第一个整数是 n，即文章中的单词数，取值范围为 1～100。第二个整数是 k，即每行可出现的最大字符数（不包括空格），取值范围为1～80。

- 第二行包含 n 个单词，单词之间有一个空格。每个单词最多有 k 个字符。

输出

正确格式化的文章，需写入名为word.out的文件。

7.1.1　操作文件

“文章格式化”问题要求我们从文件word.in中读取，并写入文件word.out。不过，在做这些事情之前，我们需要学习如何在程序中打开文件。

打开文件

使用文本编辑器，创建一个名为word.in的新文件。将这个文件放在Python程序所在的目录中。

这是我们第一次创建不以.py结尾的文件，它以.in结尾。请确保将文件命名为word.in，而不是word.py。in是input的缩写，你会看到它经常用于包含程序输入的文件。

在该文件中，我们针对文章格式化问题放入有效的输入。在该文件中输入以下内容：

```
12 13
perhaps better poetry will be written in the language of digital computers
```

保存该文件。

要在Python中打开文件，可以使用open函数。我们传递两个实参：第一个是文件名，第二个是打开文件的模式。模式决定了如何与该文件进行交互。

下面演示如何打开word.in：

```
>>> open('word.in', 'r')
❶ <_io.TextIOWrapper name='word.in' mode='r' encoding='cp1252'>
```

在这个函数调用中，我们提供了`'r'`模式来打开文件以便读取，其中，字母r代表“读取”（read）。模式是可选参数，其默认值为`'r'`，如果我们愿意，可以省略`'r'`。然而，为了保持一致性，我将在本书中明确地加上`'r'`。

当我们使用`open`时，Python会给我们一些关于文件如何被打开的信息❶。例如，它确认了文件名和模式。关于`encoding`的那部分表明，文件如何从它在磁盘上的状态被解码成我们可以读取的形式。文件可以使用各种编码，但在本书中，我们不需要担心编码问题。

如果试图打开一个不存在的文件进行读取，就会遇到一个错误：

```
>>> open('blah.in', 'r')
Traceback (most recent call last):
  File "<stdin>", line 1, in <module>
FileNotFoundError: [Errno 2] No such file or directory: 'blah.in'
```

如果在打开word.in时遇到这个错误，请仔细检查文件的名字是否正确、文件是否在启动Python的目录中。

除了用于读取的模式`'r'`之外，还有用于写入的模式`'w'`。如果我们使用`'w'`，就是要打开一个文件，以便将文本写入。

对模式'w'要小心。如果你对一个已经存在的文件使用'w'，该文件的原内容将被删除。对于 word.in 文件，这没什么大不了，因为它很容易重新创建。然而，如果我们不小心覆盖了一个重要的文件，没有人会开心。

如果你对不存在的文件名使用'w'，它会创建一个空文件。让我们使用模式'w'来创建一个名为 blah.in 的空文件：

```
>>> open('blah.in', 'w')
<_io.TextIOWrapper name='blah.in' mode='w' encoding='cp1252'>
```

现在 blah.in 已经存在，我们可以打开它进行读取而不会出现错误：

```
>>> open('blah.in', 'r')
<_io.TextIOWrapper name='blah.in' mode='r' encoding='cp1252'>
```

我们一直看到的那个_io.TextIOWrapper 是什么？那是 open 返回的值的类型：

```
>>> type(open('word.in', 'r'))
<class '_io.TextIOWrapper'>
```

请将这个类型看成一个文件类型。它的值代表打开的文件。你很快就会看到，它有一些可以调用的方法。

与任何函数一样，如果不把 open 的返回值赋值给变量，它的返回值就会丢失。到目前为止，我们调用 open 的方式并没有提供任何方法来引用所打开的文件！

下面演示如何让变量引用打开的文件：

```
>>> input_file = open('word.in', 'r')
>>> input_file
<_io.TextIOWrapper name='word.in' mode='r' encoding='cp1252'>
```

在解决文章格式化的问题时，我们还需要一种方法来写入文件 word.out。下面的变量帮助我们做到这一点：

```
>>> output_file = open('word.out', 'w')
>>> output_file
<_io.TextIOWrapper name='word.out' mode='w' encoding='cp1252'>
```

读取文件

要从打开的文件中读取一行，可以使用该文件的 readline 方法。该方法返回一个字符串，包含一行内容。在这方面，它类似于 input 函数。与 input 不同的是，readline 会从文件中而不是从标准输入中读取信息。

我们打开 word.in 并读取它的两行内容：

```
>>> input_file = open('word.in', 'r')
>>> input_file.readline()
'12 13\n'
>>> input_file.readline()
'perhaps better poetry will be written in the language of digital computers\n'
```

这里出乎意料的是每个字符串结尾处的\n——我们在使用 input 读取一行时没有看到它。字符串中的\符号是一个转义字符。它可以摆脱字符的标准解释，改变字符含义。我们不把\n

当作两个独立的字符——\和 n。相反，\n 只是一个字符：换行符。一个文件中的所有行（也许除了最后一行）都以换行符结束。如果不是这样，那么所有的东西都会在一行上！readline 方法实际上是给了我们整行的内容，包括每行结尾的换行符。

也可以在自己的字符串中嵌入换行符：

```
>>> 'one\ntwo\nthree'
'one\ntwo\nthree'
>>> print('one\ntwo\nthree')
one
two
three
```

Python Shell 不处理转义字符的效果，但 print 会处理。

\n 序列在字符串中很有用，因为它帮助我们添加多行。但在从文件中读取的行中，我们很少想要这些换行符。为了去掉它们，我们可以使用字符串 rstrip 方法。这个方法和 strip 一样，只是它只从字符串的右边（而不是左边）删除空白字符。在它看来，换行符就像空格一样是空白字符：

```
>>> 'hello\nthere\n\n'
'hello\nthere\n\n'
>>> 'hello\nthere\n\n'.rstrip()
'hello\nthere'
```

我们再试着从文件中读取，这次要把换行符去掉：

```
>>> input_file = open('word.in', 'r')
>>> input_file.readline().rstrip()
'12 13'
>>> input_file.readline().rstrip()
'perhaps better poetry will be written in the language of digital computers'
```

此时，我们已经读完了这两行，所以从文件中已经没有什么可读的了。readline 方法的信号是返回一个空字符串。

```
>>> input_file.readline().rstrip()
''
```

空字符串意味着我们已经到达了文件的末端。如果想再次读取这些行，必须重新打开文件，从头开始。

重新读取一次，这次用变量保存每一行：

```
>>> input_file = open('word.in',  'r')
>>> first =  input_file.readline().rstrip()
>>> second = input_file.readline().rstrip()
>>> first
'12 13'
>>> second
'perhaps better poetry will be written in the language of digital computers'
```

如果需要从文件中读取所有行（不管有多少行），可以使用 for 循环。Python 中的文件可以作为行的序列，我们可以在其中循环，就像我们在字符串和列表中循环一样：

```
>>> input_file = open('word.in', 'r')
>>> for line in input_file:
...     print(line.rstrip())
...
12 13
perhaps better poetry will be written in the language of digital computers
```

但我们不能进行第二次循环，因为第一次循环将我们带到了文件的末端。如果我们尝试，将一无所获：

```
>>> for line in input_file:
...     print(line.rstrip())
...
```

概念检查

我们想用一个 while 循环来输出打开的文件 `input_file`（该文件可以是任何文件，不一定与本书中的题目有关）的每一行。以下哪段代码能正确地做到这一点？

A.

```
while input_file.readline() != '':
    print(input_file.readline().rstrip())
```

B.

```
line = 'x'
while line != '':
    line = input_file.readline()
    print(line.rstrip())
```

C.

```
line = input_file.readline()
while line != '':
    line = input_file.readline()
    print(line.rstrip())
```

D. 以上都是

E. 以上都不是

在看答案之前，我鼓励你建立一个包含 4 行或 5 行的文件，并在该文件上尝试每一段代码。你也可以考虑在输出的每一行的开头添加一个类似*的字符，这样就可以看到所有本来是空白的行。

答案：E。每段代码都有一个细微的错误。

A 只是隔行输出该文件。例如，while 循环的布尔表达式导致第一行被读取并丢失，因为它没有赋值给变量。因此，循环的第一次迭代输出文件的第二行。

B 非常接近于做正确的事情。它输出了文件的所有行，但也在最后输出了多余的空行。

C 未能输出文件的第一行。这是因为在循环之前读取了第一行，但在输出第一行之前，循环又读取了第二行。它还在最后产生了不相干的空行，就像 B 一样。

下面是读取和输出每一行的正确代码：

```
line = input_file.readline()
while line != '':
    print(line.rstrip())
    line = input_file.readline()
```

7

写入文件

要向打开的文件写入一行，可以使用文件的 `write` 方法并传给它一个字符串，这个字符串会添加到文件的结尾。

为了解决“文章格式化”问题，我们要写到 word.out。我们还没有准备好解决这个问题，所以让我们改为写到 blah.out。下面演示如何向该文件写一行：

```
>>> output_file = open('blah.out', 'w')
>>> output_file.write('hello')
5
```

5 是什么？是 `write` 方法返回写入的字符数。这样可以很好地确认我们已经写入了预期数量的文本。

如果你在文本编辑器中打开 blah.out，应该看到里面的文本 `hello`。

我们试着在文件中写 3 行。像下面这样：

```
>>> output_file = open('blah.out', 'w')
>>> output_file.write('sq')
2
>>> output_file.write('ui')
2
>>> output_file.write('sh')
2
```

根据我到目前为止所说的，你可能预期 blah.out 看起来像这样：

```
sq
ui
sh
```

然而，如果你在文本编辑器中打开 blah.out，应该看到以下内容：

```
squish
```

这些字符是在这样的单行上，因为 `write` 不会为我们添加换行符！如果我们想要独立的行，就需要明确表示：

```
>>> output_file = open('blah.out', 'w')
>>> output_file.write('sq\n')
3
>>> output_file.write('ui\n')
3
>>> output_file.write('sh\n')
3
```

请注意，在每一种情况下，`write` 写入了 3 个字符，而不是 2 个。换行符算作一个字符。现在，如果你在文本编辑器中打开 blah.out，应该看到文本分在 3 行中：

```
sq
ui
sh
```

与 `print` 不同，`write` 只在你用字符串调用它时才起作用。要将数字写入文件，先要将它转换为字符串：

```
>>> num = 7788
>>> output_file = open('blah.out', 'w')
>>> output_file.write(str(num)  + '\n')
5
```

关闭文件

一旦用完了一个文件就关闭它是个好习惯。这样做可以向代码的读者发出信号，表明该文件已不再使用。

关闭文件也有助于操作系统管理计算机资源。当你使用 `write` 时，所写的内容可能不会立即存入文件中。Python 或操作系统可能会等待其他写入的请求，然后一次写完它们。关闭被写入的文件，可以保证写入文件的内容安全地保存在文件中。

要关闭一个文件，可以调用它的 `close` 方法。下面是打开文件、读取一行和关闭文件的例子：

```
>>> input_file = open('word.in', 'r')
>>> input_file.readline()
'12 13\n'
>>> input_file.close()
```

一旦你关闭了一个文件，就不能再从该文件中读取或写入：

```
>>> input_file.readline()
Traceback (most recent call last):
  File "<stdin>", line 1, in <module>
ValueError: I/O operation on closed file.
```

7.1.2 解决问题

回到“文章格式化”问题。现在我们知道了如何从 word.in 中读取并写入 word.out。这就解决了输入和输出的要求。现在是时候解决这个问题本身了。

我们从探索一个测试用例开始，确保明白了如何解决这个问题，再来看代码。

探索一个测试用例

下面是我一直在用的 word.in 文件：

```
12 13
perhaps better poetry will be written in the language of digital computers
```

这个文件有 12 个单词，一行的最大字符数（不算空格）是 13。只要放得进去，我们就应该在当前行中添加单词；一旦某个单词放不进当前行，我们就用这个单词开始新的一行。

单词 `perhaps` 包含 7 个字符，所以它适合放在第一行。单词 `better` 包含 6 个字符，我们也可以把它放在第一行。加上已经存在的 `perhaps`，我们总共有 13 个字符（不包括这两个词之间的空格）。

单词 `poetry` 不能放在第一行，所以我们从 `poetry` 另起一行。`will` 这个词适合放在第二行的 `poetry` 旁边。同样地，`be` 适合放在 `will` 旁边。到目前为止，我们有 12 个非空格字符。现在我们有单词 `written`，而第二行只有一个字符的空间，因此我们不得不以 `written` 作为第一个词开始下一行。

按照这个过程进行到底，我们需要写入 word.out 的全文是：

```
perhaps better
poetry will be
written in the
language of
digital
computers
```

代码

解决方案在清单 7-1 中。

清单 7-1：解决“文章格式化”问题

```
❶ input_file = open('word.in', 'r')
❷ output_file = open('word.out', 'w')

❸ lst = input_file.readline().split()
  n = int(lst[0])  # n not needed
  k = int(lst[1])
  words = input_file.readline().split()

❹ line = ''
  chars_on_line = 0

  for word in words:
   ❺ if chars_on_line + len(word) <= k:
          line = line + word + ' '
          chars_on_line = chars_on_line + len(word)
      else:
       ❻ output_file.write(line[:-1] + '\n')
          line = word + ' '
          chars_on_line = len(word)

❼ output_file.write(line[:-1] + '\n')

  input_file.close()
  output_file.close()
```

首先，我们打开输入文件❶和输出文件❷。注意模式：我们用'r'模式（用于读取）打开输入文件，用'w'模式（用于写入）打开输出文件。我们可以等到使用输出文件之前再打开它，但我选择在这里打开两个文件，以简化程序的组织。同样，我们可以在不再需要一个文件时立即关闭它，但我选择在程序结束时一起关闭所有文件。对于操作许多文件的长期运行的程序，你可能希望只在需要的时候保持文件打开。

接下来，读取输入文件的第一行❸。这一行包含两个用空格分隔的整数：单词数 n 和每行允许的最大字符数 k（不算空格）。像往常一样，对于空格分隔的数值，使用 split 来分隔它们。然后读入第二行，它包含了文章的单词。使用 split 将单词串分割成一个单词列表。这就解决了输入问题。

两个变量驱动程序的主要部分：line 和 chars_on_line。line 变量指向当前行，开始时它指向空字符串❹。chars_on_line 变量指向当前行的字符数，不包括空格。

你可能想知道我为什么要保留 chars_on_line。难道就不能用 len(line)来代替吗？好吧，如果这样做，就会把空格包括在计数中，而空格并不计入每行允许的字符数。我们可以通过减去空格数来解决这个问题。如果你觉得这比保留 chars_on_line 变量更直观的话，我鼓励你自己去尝试。

现在是循环遍历所有单词的时候了。对于每个单词，我们必须确定它是在当前行还是在下一行。

如果当前行的非空格字符数加上当前单词的字符数不超过 k，那么当前单词适合放在当前行❺。在这种情况下，我们将该单词和空格添加到当前行，并更新该行的非空格字符数。否则，当前单词不适合在当前行中使用，这意味着当前行已经完成了！因此，我们将该行写入输出文件❻，并更新 line 和 chars_on_line 变量，以反映这是新行中唯一的单词。

关于 write 调用❻，有两件事需要注意。首先，[:-1]切片是为了防止我们输出该行最后一个单词后面的空格。第二，你可能希望我在这里使用 f 字符串，像这样：

```
output_file.write(f'{line[:-1]}\n')
```

在本书写作时，USACO 评测网站正在运行不支持 f 字符串的旧版本 Python。

为什么要在循环结束后输出 line❼？原因是 for 循环的每一次迭代都会使 line 留下一个或多个我们还没有输出的单词。考虑一下处理每个单词时会发生什么。如果当前单词适合当前行，就不输出任何东西。如果当前单词不适合放在当前行，就输出当前行，但不输出下一行的单词。因此，我们需要在循环后将 line 写入输出文件❼，否则，文章中的最后一行就会丢失。

我们做的最后一件事是关闭两个文件。

写入文件有一个令人不快的特定：当我们运行程序时，屏幕上不会显示输出。为了看到输出，我们必须在文本编辑器中打开输出文件。

这里有一个技巧：使用 print 调用而不是 write 调用来开发程序，这样所有的输出都会写到屏幕上。这应该让你更容易发现程序中的错误，而不必在代码和输出文件之间来回切换。一旦你对代码满意，就可以把 print 调用改回 write 调用。然后一定要做更多的测试，以确保所有的东西最后都能如愿以偿地出现在文件中。

我们已经准备好将代码提交给 USACO 评测网站了。把代码发给它！所有的测试用例都应该通过。

7.2 问题 17：农场播种

循环可以从一个文件中读取指定的行数。在这个问题中，我们将这样做。我们会看到，这类似于使用带 input 的循环从标准输入中读取数据。

在第 6 章解决“可动人偶”问题时，我们学习了使用函数进行自顶向下的设计。组合使用多个函数来解决问题是一项重要的技能。关于文件没有太多可说的，所以我选择了一个同时可以作为自顶向下的设计案例的问题。

这是一个具有挑战性的问题。首先需要了解我们要做什么。之后，我们需要开发一种方法来解决问题，并仔细思考为什么我们的解决方案是正确的。

这是 USACO 2019 年 2 月铜牌竞赛中的问题：Great Revegetation（了不起的重新播种）。

挑战

农场主约翰有 n 个牧场，他想在所有的牧场上种草。这些牧场的编号为 1～n。

农场主约翰有 4 种不同的草种，编号为 1～4。他将为每个牧场选择其中一种草种。

农场主约翰有 m 头奶牛。每头奶牛有两个它喜欢的牧场，在那里吃草。奶牛只关心它喜欢的两个牧场，不关心其他牧场。为了保证饮食健康，每头奶牛喜欢的两个牧场都不能有相同的草种。例如，对于某头特定的奶牛，它喜欢的一个牧场有草种 1，另一个有草种 4，这是符合要求的。然而，如果它喜欢的两个牧场都有草种 1，那就不合适了。

一个牧场可能被不止一头奶牛喜欢。但是可以保证，一个牧场被不超过 3 头奶牛喜欢。

确定每个牧场要使用的草种，即每个牧场都需要使用草种 1～4，且每头奶牛喜欢的两个牧场必须有不同的草种。

输入

从名为 revegetate.in 的文件中读取输入。

输入由以下几行组成。

- 一行包含两个整数，用空格隔开。第一个整数是 n，即牧场的数量，取值范围为 2～100。第二个整数是 m，即奶牛的数量，取值范围为 1～150。
- m 行，每行给出一头奶牛最喜欢的两个牧场号码。这些牧场号码是取值范围为 1～n 的整数，用空格分隔。

输出

一行有效的种草方案，需写入名为 revegetate.out 的文件。方案由 n 个字符组成，每个字符是'1'、'2'、'3'或'4'。第一个字符是 1 号牧场的草种，第二个字符是 2 号牧场的草种，以此类推。

可以把这 n 个字符解释为一个有 n 个数字的整数。例如，如果我们有 5 个草种"11123"，那么可以将它解释为整数 11123。

当我们可以选择输出什么时，这种整数解释就会发挥作用。如果有多种有效的方式来种草，必须输出解释为整数时最小的那一种。例如，如果'11123'和'22123'都有效，我们输出字符串'11123'，因为 11123 小于 22123。

7.2.1 探索一个测试用例

我们将使用自顶向下的设计来得到这个问题的解决方案。一个测试用例将帮助我们筛选任务。

下面是测试用例：

```
8 6
5 4
2 4
3 5
4 1
2 1
```

```
5 2
```

测试用例的第一行告诉我们，有 8 个牧场。它们的编号是 1～8。第一行还告诉我们，有 6 头奶牛。这个问题没有指定奶牛的编号，所以我就从 0 开始给它们编号。奶牛喜欢的牧场见表 7-1。

表 7-1 奶牛喜欢的牧场

奶牛	牧场编号 1	牧场编号 2
0	5	4
1	2	4
2	3	5
3	4	1
4	2	1
5	5	2

在这个问题中，我们需要做 n 个决定。我们应该在 1 号牧场使用什么草种？2 号牧场呢？3 号牧场呢？4 号牧场呢？以此类推，一直到 n 号牧场。处理这类问题的一个策略是每次做一个决定，并保证不犯任何错误。如果我们设法完成了 n 个决定，并且一路上没有犯任何错误，那么我们的解决方案肯定是正确的。

我们遍历 8 个牧场，看看是否能给每个牧场分配一个草种。我们需要优先选择数字小的草种，这样，当解释为数字时，最后得到的草种方案是最小的。

我们应该为 1 号牧场选择什么草种？喜欢 1 号牧场的奶牛只有 3 号和 4 号，所以我们只关注这两头奶牛。如果我们事先为这些奶牛喜欢的其他牧场选择了草种，在选择 1 号牧场时就必须谨慎。我们不能给一些奶牛提供两个草种相同的牧场，因为这将违反规则！我们还没有选择任何草种，所以无论为牧场 1 选择什么，都不会出错。不过，由于我们想要号码最小的草种，我们将选择草种 1。

我将草种决定放在表格中。这是我们刚刚做出的决定，1 号牧场的草种号码是 1，如表 7-2 所示。

表 7-2 牧场的草种（一）

牧场	草种
1	1

我们继续。应该为 2 号牧场选择什么草种？喜欢 2 号牧场的奶牛是 1、4、5，所以我们重点关注这些奶牛。奶牛 4 喜欢的一个牧场是 1 号牧场，我们为该牧场选择了草种 1，所以草种 1 被排除在 2 号牧场的可选草种之外。如果我们将 1 号草种用于 2 号牧场，就会给奶牛 4 提供两个有相同草种的牧场，这违反规则。然而，奶牛 1 和 5 并没有排除任何其他草种，因为我们还没有为它们的牧场选择草种。因此，我们选择了 2 号草种，这是数字最小的可用草种。我们的情况如表 7-3 所示。

表 7-3 牧场的草种（二）

牧场	草种
1	1
2	2

应该为 3 号牧场选择什么草种？关心 3 号牧场的只有奶牛 2。奶牛 2 喜欢 3 号牧场和 5 号牧场。然而，这头奶牛并没有排除任何草种，因为我们还没有为 5 号牧场分配草种！为了得到最小的数字，我们为 3 号牧场 3 使用 1 号草种，如表 7-4 所示。

表 7-4　牧场的草种（三）

牧场	草种
1	1
2	2
3	1

可以看到，自顶向下的设计中的 3 个步骤在这里具体化了。第一，确定哪些奶牛喜欢当前牧场。第二，确定这些奶牛可以让我们排除哪些草种。第三，选择未被排除的、号码最小的草种。这里的每一个步骤都可以写成函数。

我们继续。我们有 3 头关心 4 号牧场的奶牛：0、1、3。奶牛 0 没有排除任何草种，因为我们还没有给它喜欢的牧场分配草种。奶牛 1 排除了 2 号草种，因为我们将 2 号草种分配给了 2 号牧场（它喜欢的另一个牧场）。而奶牛 3 排除了 1 号草种，因为我们将 1 号草种分配给了 1 号牧场（它喜欢的另一个牧场）。那么，最小的可用草种号码是 3，所以这就是我们用于 4 号牧场的草种，如表 7-5 所示。

表 7-5　牧场的草种（四）

牧场	草种
1	1
2	2
3	1
4	3

到了 5 号牧场。喜欢 5 号牧场的是奶牛 0、2、5。奶牛 0 排除 3 号草种，奶牛 2 排除 1 号草种，奶牛 5 排除 2 号草种。因此，号码为 1、2、3 的草种被排除。我们唯一的选择是 4 号草种。

好险！草种几乎用完了。我们很幸运，没有其他喜欢 5 号牧场的奶牛能排除 4 号草种。

等一下，也许这根本就不是运气好，因为问题描述中的“一个牧场被不超过 3 头奶牛喜欢”意味着每个牧场最多可以排除 3 种草种。我们永远不会陷入无解的局面！我们甚至不必担心过去的选择对下一个决定的影响。无论过去做了什么，总是至少有一种可用的草种。

我们把 5 号牧场添加到表格中，如表 7-6 所示。

表 7-6　牧场的草种（五）

牧场	草种
1	1
2	2
3	1
4	3
5	4

还有 3 个牧场，但没有奶牛喜欢它们，所以我们可以全部使用草种 1。这样我们就有了表 7-7。

表 7-7 牧场的草种（六）

牧场	草种
1	1
2	2
3	1
4	3
5	4
6	1
7	1
8	1

我们可以从上到下读取草种类型，获得这个例子的正确输出。输出结果如下：

```
12134111
```

7.2.2 自顶向下的设计

在充分了解了需要完成的任务后，我们将转向对这个问题进行自顶向下的设计。

顶层

实际上，对于“农场播种”问题，我们已经通过一个测试用例探索了 3 项任务。除此之外，我们需要读取输入、写下输出。这些任务将需要我们进行一些思考、写下几行代码。所以我们一共有 5 项任务。

1. 读取输入。
2. 识别关心某个牧场的奶牛。
3. 排除当前牧场的草种。
4. 为当前牧场选择编号最小的草种。
5. 写下输出。

正如在第 6 章中解决“可动人偶”问题时所做的那样，我们将从 TODO 注释的框架开始，在解决每一个 TODO 时将它删除。

程序一开始基本上都是注释。由于我们需要在开始时打开文件，在结束时关闭文件，我也加入了这些代码：

```
# Main Program

input_file = open('revegetate.in', 'r')
output_file = open('revegetate.out', 'w')

# TODO: Read input

# TODO: Identify cows that care about pasture
```

```
# TODO: Eliminate grass types for pasture

# TODO: Choose smallest-numbered grass type for pasture

# TODO: Write output

input_file.close()
output_file.close()
```

任务1：读取输入

读取第一行输入，包括整数 n 和 m，这是我们会做的事情。这很直接，我认为不需要函数，所以让我们直接为其编写代码吧。接下来需要读取 m 组奶牛喜欢的牧场信息，这里似乎需要函数。让我们删除读取输入注释中的 TODO，处理第一行输入，并调用 read_cows 函数（我们很快就会编写这个函数）：

```
  # Main Program

  input_file = open('revegetate.in', 'r')
  output_file = open('revegetate.out', 'w')

  # Read input
  lst = input_file.readline().split()
  num_pastures = int(lst[0])
  num_cows = int(lst[1])
❶ favorites = read_cows(input_file, num_cows)

  # TODO: Identify cows that care about pasture

  # TODO: Eliminate grass types for pasture

  # TODO: Choose smallest-numbered grass type for pasture

  # TODO: Write output

  input_file.close()
  output_file.close()
```

read_cows 函数❶将接收已经打开供读取的文件，并读取每头奶牛喜欢的两个牧场。它返回列表的列表，其中每个内层列表包含给定奶牛的两个牧场编号。以下是代码：

```
def read_cows(input_file, num_cows):
    """
    input_file is a file open for reading; cow information is next to read.
    num_cows is the number of cows in the file.

    Read the cows' favorite pastures from input_file.
    Return a list of each cow's two favorite pastures;
    each value in the list is a list of two values giving the
    favorite pastures for one cow.
    """
    favorites = []
    for i in range(num_cows):
     ❶ lst = input_file.readline().split()
        lst[0] = int(lst[0])
        lst[1] = int(lst[1])
     ❷ favorites.append(lst)
    return favorites
```

这个函数将奶牛最喜爱的牧场添加到 favorites 列表中。它使用带范围的 for 循环，迭代 num_cows 次，每头奶牛一次。我们需要这个循环，因为要读取的行数取决于文件中奶牛的数量。

我们在每一次迭代中读取下一行，将它分割成两个部分❶，用 int 将这些部分从字符串转换为整数。把这个列表添加到 favorites 时❷，我们实际上添加了一个包含 2 个整数的列表。

最后，返回奶牛喜欢的牧场列表。

在继续之前，确保我们知道如何调用这个函数。我们将练习单独调用它，独立于正在构建的大程序。对这样的函数进行测试是很有用的，这样就可以修正开发过程中可能出现的任何错误。

用你的文本编辑器创建一个名为 revegetate.in 的文件，内容如下（与我们之前研究的测试用例相同）：

```
8 6
5 4
2 4
3 5
4 1
2 1
5 2
```

现在，在 Python Shell 中输入代码调用 read_cows 函数。下面是我们调用 read_cows 的方法：

```
  >>> input_file = open('revegetate.in', 'r')
❶ >>> input_file.readline()
  '8 6\n'
❷ >>> read_cows(input_file, 6)
  [[5, 4], [2, 4], [3, 5], [4, 1], [2, 1], [5, 2]]
```

read_cows 函数只读取奶牛的信息。因为我们是在孤立的情况下测试这个函数（也就是在程序之外），所以需要在调用它之前手动读取文件的第一行❶。当我们再调用 read_cows 时，会得到一个列表，给出每头奶牛喜欢的牧场。也要注意到，我们是用打开的文件而不是文件名来调用 read_cows❷。

确保在# Main Program 注释前添加 read_cows 函数，以及我们未来为其他任务编写的函数。然后我们就可以进入任务 2 了。

任务 2：识别奶牛

解决这个问题的总体策略是依次考虑每个牧场，决定使用哪个草种。我们在一个循环中组织这项工作，循环的每次迭代负责一个牧场。对于每个牧场，我们需要确定喜欢该牧场的奶牛，排除已使用的草种，并选择编号最小的可用草种。这 3 个任务必须针对每个牧场运行，所以要在循环中为它们的对应代码添加缩进。

我们要编写一个名为 cows_with_favorite 的函数，用于告诉我们喜欢当前牧场的奶牛。

下面是现在的主程序：

```
# Main Program

input_file = open('revegetate.in', 'r')
output_file = open('revegetate.out', 'w')
```

```
# Read input
lst = input_file.readline().split()
num_pastures = int(lst[0])
num_cows = int(lst[1])
favorites = read_cows(input_file, num_cows)

for i in range(1, num_pastures + 1):

    # Identify cows that care about pasture
❶   cows = cows_with_favorite(favorites, i)

   # TODO: Eliminate grass types for pasture

   # TODO: Choose smallest-numbered grass type for pasture

# TODO: Write output

input_file.close()
output_file.close()
```

我们正在调用 cows_with_favorite 函数❶，它接收奶牛喜欢的牧场列表和一个牧场编号，并返回关心该牧场的奶牛：

```
def cows_with_favorite(favorites, pasture):
    """
    favorites is a list of favorite pastures, as returned by read_cows.
    pasture is a pasture number.

    Return list of cows that care about pasture.
    """
    cows = []
    for i in range(len(favorites)):
        if favorites[i][0] == pasture or favorites[i][1] == pasture:
            cows.append(i)
    return cows
```

该函数循环遍历 favorites，寻找喜欢编号为 pasture 的牧场的奶牛。每头喜欢该牧场的奶牛都被添加到最终返回的 cows 列表中。

让我们做个小测试。在 Python Shell 中调用 cows_with_favorite 函数：

```
>>> cows_with_favorite([[5, 4], [2, 4], [3, 5]], 5)
```

这里有 3 头奶牛，我们要问的是哪些奶牛喜欢 5 号牧场。索引为 0 和 2 的奶牛喜欢 5 号牧场，这正是函数所告诉我们的。

```
[0, 2]
```

任务 3：排除草种

现在我们知道了喜欢当前牧场的那些奶牛。下一步是找出这些奶牛为当前牧场排除了哪些草种。我们排除与这些奶牛中的一头或多头所喜欢的牧场中使用的草种。我们要编写名为 types_used 的函数，用于告诉我们已使用的草种（从而在当前牧场中排除它们）。

下面是主程序，更新了对这个函数的调用：

```
# Main Program

input_file = open('revegetate.in', 'r')
output_file = open('revegetate.out', 'w')

# Read input
lst = input_file.readline().split()
num_pastures = int(lst[0])
num_cows = int(lst[1])
favorites = read_cows(input_file, num_cows)

❶ pasture_types = [0]

for i in range(1, num_pastures + 1):

    # Identify cows that care about pasture
    cows = cows_with_favorite(favorites, i)

    # Eliminate grass types for pasture
❷   eliminated = types_used(favorites, cows, pasture_types)

    # TODO: Choose smallest-numbered grass type for pasture

# TODO: Write output

input_file.close()
output_file.close()
```

除了调用 types_used 函数❷，我还添加了一个叫作 pasture_types 的变量❶。这个变量所指的列表将记录每个牧场的草种。

回想一下，牧场的编号是从 1 开始的。但是，Python 列表的索引是从 0 开始的。我不喜欢这种差异。如果我们简单地开始在 pasture_types 中添加草种，那么 1 号牧场的草种将在索引 0 处，2 号牧场的草种将在索引 1 处，以此类推，总是相差 1。这就是为什么我在列表的开头添加了一个 0❶。添加牧场 1 的草种时，它将被放在索引 1 处，从而让编号与索引匹配。

假设我们已经知道了前 4 个牧场的草种。下面是 pasture_types 在此时可能出现的情况：

```
[0, 1, 2, 1, 3]
```

我们如果想要 1 号牧场的草种，就看索引 1；如果想要 2 号牧场的草种，就看索引 2，以此类推。我们如果想要 5 号牧场的草种，是否能看索引 5？不，我们不能这样做，因为我们没有确定索引 5 的值。如果 pasture_types 的长度是 5，这意味着我们只确定了前 4 个牧场的草种。一般来说，确定的草种的数量要比列表的长度少 1。

现在我们准备好使用 type_used 函数。它需要 3 个参数：每头奶牛喜欢的牧场列表、喜欢当前牧场的奶牛、到目前为止为牧场选择的草种。它返回已经使用过的草种列表，因此，当前牧场的草种已被排除：

```
def types_used(favorites, cows, pasture_types):
    """
```

```
    favorites is a list of favorite pastures, as returned by read_cows.
    cows is a list of cows.
    pasture_types is a list of grass types.

    Return a list of the grass types already used by cows.
    """
    used = []
    for cow in cows:
        pasture_a = favorites[cow][0]
        pasture_b = favorites[cow][1]
    ❶ if pasture_a < len(pasture_types):
            used.append(pasture_types[pasture_a])
    ❷ if pasture_b < len(pasture_types):
            used.append(pasture_types[pasture_b])
    return used
```

每头牛喜欢两个牧场，我用 pasture_a 和 pasture_b 来指代它们。对于每一个牧场，我们检查是否已经选择了草种❶❷。如果一个牧场已经是 pasture_types 中的一个索引，那么这个草种就已经被选择了，因此将其添加到 used 列表中。函数遍历所有相关的奶牛后返回该列表。

如果有多头奶牛喜欢同一个牧场，代码会怎么做呢？让我们设计一个简单的测试用例来回答这个问题。

将我们的 types_used 函数输入 Python Shell。下面是对该函数的调用，让我们预测一下它的返回结果：

```
>>> types_used([[5, 4], [2, 4], [3, 5]], [0, 1], [0, 1, 2, 1, 3])
```

让我们谨慎些。第一个参数给出了 3 头奶牛喜欢的牧场。第二个参数给出了喜欢某个特定牧场的奶牛：0 和 1。第三个参数给出了到目前为止已决定的草种。

现在，奶牛 0 和 1 可以排除哪些草种？奶牛 0 喜欢 4 号牧场，而 4 号牧场使用的是 3 号草种，所以 3 号草种被排除。奶牛 1 关心 2 号牧场，2 号牧场使用 2 号草种，所以 2 号草种被排除。奶牛 1 也关心 4 号牧场，但是我们已经从奶牛 0 那里知道，4 号牧场的 3 号草种已经被排除了。

我们的函数的返回值是这样的：

```
[3, 2, 3]
```

这里有两个 3，一个来自奶牛 0，另一个来自奶牛 1。

如果这里只有一个 3，看起来会更整洁，但现在的情况（有重复）也很好。如果一个草种出现在这个列表中，那么它就会被排除，不管它出现了一次、两次还是三次。

任务 4：选择数字最小的草种

在得到被排除的草种后，我们可以进入下一个任务：为当前牧场选择最小编号的可用草种。为了解决这个问题，我们将调用新的函数 smallest_available。它将返回在当前牧场上应该使用的草种。

下面是主程序，更新了调用 smallest_available 函数：

```
# Main Program

input_file = open('revegetate.in', 'r')
```

```
output_file = open('revegetate.out', 'w')

# Read input
lst = input_file.readline().split()
num_pastures = int(lst[0])
num_cows = int(lst[1])
favorites = read_cows(input_file, num_cows)

pasture_types = [0]

for i in range(1, num_pastures + 1):

    # Identify cows that care about pasture
    cows = cows_with_favorite(favorites, i)

    # Eliminate grass types for pasture
    eliminated = types_used(favorites, cows, pasture_types)

    # Choose smallest-numbered grass type for pasture
❶   pasture_type = smallest_available(eliminated)
❷   pasture_types.append(pasture_type)

# TODO: Write output

input_file.close()
output_file.close()
```

一旦得到当前牧场的最小编号的草种❶，就把它添加到已选择的草种列表中❷。

下面是 smallest_available 函数本身：

```
def smallest_available(used):
    """
    used is a list of used grass types.

    Return the smallest-numbered grass type that is not in used.
    """
    grass_type = 1
    while grass_type in used:
        grass_type = grass_type + 1
    return grass_type
```

该函数从 1 号草种开始。然后，它进行循环，直到找到还没有被使用的草种，每次迭代都会让草种编号增加 1。一旦找到空闲的草种，该函数就将它返回。记住，在 4 种可用的草种中，最多只有 3 种草种被使用过，所以这个函数肯定会成功。

任务 5：写输出

我们已经得到了答案，就在 pasture_types 中！现在要做的就是输出它。下面是最终的主程序：

```
# Main Program

input_file = open('revegetate.in', 'r')
output_file = open('revegetate.out', 'w')

# Read input
lst = input_file.readline().split()
num_pastures = int(lst[0])
num_cows = int(lst[1])
favorites = read_cows(input_file, num_cows)
```

```
pasture_types = [0]

for i in range(1, num_pastures + 1):

    # Identify cows that care about pasture
    cows = cows_with_favorite(favorites, i)

    # Eliminate grass types for pasture
    eliminated = types_used(favorites, cows, pasture_types)

    # Choose smallest-numbered grass type for pasture
    pasture_type = smallest_available(eliminated)
    pasture_types.append(pasture_type)

# Write output
❶ pasture_types.pop(0)
❷ write_pastures(output_file, pasture_types)

input_file.close()
output_file.close()
```

在写输出之前，删除 pasture_types 开头的 0❶。我们不希望输出那个 0，因为它不代表正的草种。然后，我们调用 write_pastures 来实际写下输出❷。

现在我们需要的是 write_pastures 函数。它接收一个打开的文件和一个草种列表，并将这些草种输出到文件。下面是代码：

```
def write_pastures(output_file, pasture_types):
    """
    output_file is a file open for writing.
    pasture_types is a list of integer grass types.

    Output pasture_types to output_file.
    """
    pasture_types_str = []
 ❶ for pasture_type in pasture_types:
        pasture_types_str.append(str(pasture_type))
 ❷ output = ''.join(pasture_types_str)
 ❸ output_file.write(output + '\n')
```

现在，pasture_types 是整数组成的列表。正如我们马上会看到的，在这里使用字符串列表更方便，所以我创建了一个新的列表，包含每个整数转换成的字符串❶。我没有修改 pasture_types 列表本身，因为那会使这个函数的调用者困惑。调用者调用这个函数时，只期望输出被写入 output_file，而不期望 pasture_types 列表被修改。这个函数没有必要修改 pasture_types 列表的参数。

为了产生输出，需要用字符串而不是列表来调用 write。同时，列表需要连续输出，不需要用空格分隔。字符串连接方法在这里非常有效。正如我们在 5.2.1 小节中学到的，在作为分隔符的字符串上调用 join，分隔符就会放在列表的值之间。我们不希望值之间有任何分隔符，所以用空字符串作为分隔符❷。join 方法只对字符串列表工作，不适用于整数列表，因此要在这个函数的开头将整数列表转换成字符串列表❶。

由于输出是单一的字符串，我们可以把它写到文件中❸。

7.2.3 解决问题

完整的程序在清单 7-2 中。

清单 7-2：解决“农场播种”问题

```
def read_cows(input_file, num_cows):
    """
    input_file is a file open for reading; cow information is next to read.
    num_cows is the number of cows in the file.

    Read the cows' favorite pastures from input_file.
    Return a list of each cow's two favorite pastures;
    each value in the list is a list of two values giving the
    favorite pastures for one cow.
    """
    favorites = []
    for i in range(num_cows):
        lst = input_file.readline().split()
        lst[0] = int(lst[0])
        lst[1] = int(lst[1])
        favorites.append(lst)
    return favorites

def cows_with_favorite(favorites, pasture):
    """
    favorites is a list of favorite pastures, as returned by read_cows.
    pasture is a pasture number.

    Return list of cows that care about pasture.
    """
    cows = []
    for i in range(len(favorites)):
        if favorites[i][0] == pasture or favorites[i][1] == pasture:
            cows.append(i)
    return cows


def types_used(favorites, cows, pasture_types):
    """
    favorites is a list of favorite pastures, as returned by read_cows.
    cows is a list of cows.
    pasture_types is a list of grass types.

    Return a list of the grass types already used by cows.
    """
    used = []
    for cow in cows:
        pasture_a = favorites[cow][0]
        pasture_b = favorites[cow][1]
        if pasture_a < len(pasture_types):
            used.append(pasture_types[pasture_a])
        if pasture_b < len(pasture_types):
            used.append(pasture_types[pasture_b])
    return used


def smallest_available(used):
    """
    used is a list of used grass types.
```

```
    Return the smallest-numbered grass type that is not in used.
    """
    grass_type = 1
    while grass_type in used:
        grass_type = grass_type + 1
    return grass_type


def write_pastures(output_file, pasture_types):
    """
    output_file is a file open for writing.
    pasture_types is a list of integer grass types.

    Output pasture_types to output_file.
    """
    pasture_types_str = []
    for pasture_type in pasture_types:
        pasture_types_str.append(str(pasture_type))
    output = ''.join(pasture_types_str)
    output_file.write(output + '\n')

# Main Program

input_file = open('revegetate.in', 'r')
output_file = open('revegetate.out', 'w')

# Read input
lst = input_file.readline().split()
num_pastures = int(lst[0])
num_cows = int(lst[1])
favorites = read_cows(input_file, num_cows)

pasture_types = [0]

for i in range(1, num_pastures + 1):

    # Identify cows that care about pasture
    cows = cows_with_favorite(favorites, i)

    # Eliminate grass types for pasture
    eliminated = types_used(favorites, cows, pasture_types)

    # Choose smallest-numbered grass type for pasture
    pasture_type = smallest_available(eliminated)
    pasture_types.append(pasture_type)

# Write output
pasture_types.pop(0)
write_pastures(output_file,  pasture_types)

input_file.close()
output_file.close()
```

我们成功了！面对令人生畏的问题，通过应用自顶向下的设计，我们使其变得更加容易处理。接下来，可以将代码提交给 USACO 评测网站。

当你第一次看到一个问题时，很容易被它吓住。但请记住，你不需要在繁杂的步骤中解决它。将它分解成你能解决的步骤，就能很好地解决整个问题了。你已经掌握了相当多的 Python 知识，提高了设计程序和解决问题的能力，取得了巨大的进步。这类问题你手到擒来！

概念检查

让我们考虑一下新版本的“农场播种”问题，这个版本的问题对喜欢一个牧场的奶牛数量没有任何限制。一个牧场可能被 4 头奶牛、5 头奶牛，甚至更多奶牛喜欢，而我们仍然不能给一头奶牛提供两个草种相同的牧场。

假设我们在解决这个新版本的问题时，有一个测试用例，其中一个牧场被 3 头以上奶牛喜欢。对于这个测试用例，以下哪项是真的？

A. 一定没有办法用 4 种草种来解决这个问题

B. 可能有办法解决这个问题。如果有，我们的原始方案（即清单 7-2）可能能够解决

C. 可能有办法解决这个问题。如果有，我们的原始方案一定能解决

D. 可能有办法解决这个问题。即使有，我们的原始方案也一定不能解决

答案：B。我们可以找到一个能被我们的程序正确解决的测试用例，也可以找到一个存在解决方案但不能被我们的程序解决的测试用例。前者排除了 A 和 D，后者则排除了 C。

下面是一个能被我们的程序正确解决的测试用例。

```
2 4
1 2
1 2
1 2
1 2
```

每个牧场是 4 头奶牛的最爱。尽管如此，我们可以只用 2 种草种来解决这个测试用例。试试我们的程序，你应该看到它正确地解决了这个测试用例。

下面是一个存在解决方案的测试用例，但我们的程序不能解决它：

```
6 10
2 3
2 4
3 4
2 5
3 5
4 5
1 6
3 6
4 6
5 6
```

我们的程序所犯的错误是在 1 号牧场使用 1 号草种。这样一来，它就被迫在 6 号牧场使用第 5 种草种（这是不允许的！）。我们的程序失败了，但不要断定没有办法解决这个测试用例。具体来说，在 1 号牧场使用 2 号草种，就应该能够找到一种方法来解决这个测试用例，且只使用 4 种草种。用更复杂的程序来解决这类测试用例是可能的，如果你有兴趣，我鼓励你自己去思考这个问题。

7.3 小结

在本章中，我们学习了如何打开、读写、关闭文件。如果你需要存储信息并在以后将其作为输入，文件是非常有用的。它们对于向用户传递信息也很有用。我们还了解到，处理文件的方式与处理标准输入输出的方式相似。

在第 8 章中，我们将学习如何在集合或字典中存储一组值。存储一组值——这听起来像是列表的作用。不过我们会看到，集合和字典可以让我们更容易地解决某些类型的问题。

7.4 练习

下面有一些练习供你尝试。所有这些练习都来自 USACO 评测网站，需要读取和写入文件。要解决它们，你可能需要复习一下前几章的内容。

1．USACO 2018 年 12 月铜牌赛问题：Mixing Milk。
2．USACO 2017 年 2 月的铜牌赛问题：Why Did the Cow Cross the Road。
3．USACO 2017 年美国公开赛铜牌赛问题：The Lost Cow。
4．USACO 2019 年 12 月铜牌赛问题：Cow Gymnastics。
5．USACO 2017 年美国公开赛铜牌赛问题：Bovine Genomics。
6．USACO 2018 年美国公开赛铜牌赛问题：Team Tic Tac Toe。
7．USACO 2019 年 2 月铜牌赛问题：Sleepy Cow Herding。

7.5 备注

“文章格式化”问题来自 USACO 2020 年 1 月铜牌赛。“农场播种”问题来自 USACO 2019 年 2 月铜牌赛。

除了文本文件，文件类型还有很多种。你可能喜欢处理 HTML 文件、Excel 电子表格、PDF 文件、Word 文档或图像文件。Python 可以提供帮助！请参考《Python 编程快速上手——让繁琐工作自动化》了解更多信息。

“perhaps better poetry”这句话来自 J. C. R. Licklider，引自 *Computers and the World of the Future*，编辑是 Martin Greenberger（1962 年），原文如下：

But some people write poetry in the language we speak. Perhaps better poetry will be written in the language of digital computers of the future than has ever been written in English.

第 8 章 用集合和字典来组织值

当我们需要保存一连串的值时，Python 列表是很有用的，可以表示如可动人偶的高度或文章中的单词等信息。列表让我们可以很容易地保持数值的顺序，并根据其索引访问数值。然而，正如我们在本章中所看到的，有些操作是列表没有优化的，如判断特定的值是否在集合中，以及在成对的值之间建立关联。

在本章中，我们将学习 Python 集合和字典，这是两种替代列表来保存数值集合的方法。我们将看到，如果需要搜索特定的值而不关心它们的顺序，集合可能是首选的工具；如果需要处理成对的值，字典可能是首选的工具。

我们将使用这些新的集合解决 3 个问题：确定电子邮件地址的数量，在单词列表中寻找常见的单词，以及确定城市和州的特殊对的数量。

8.1 问题 18：电子邮件地址

在这个问题中，我们将保存一个电子邮件地址的集合。我们不关心每个电子邮件地址出现的次数，也不关心电子邮件地址的顺序。这些宽松的保存要求意味着我们可以放弃列表而使用集合——一种速度远超列表的 Python 类型。我们将学习关于集合的知识。

这是 DMOJ 上代码为 ecoo19r2p1 的问题。

挑战

你知道有很多方式都可以表达同一个 Gmail 地址吗？

在 Gmail 地址的@符号前加上一个加号（+）和一个字符串，原地址会收到我们发给这个新地址的所有电子邮件。也就是说，就 Gmail 地址而言，从加号到@符号之前的所有字符都被忽略了。例如，我的 Gmail 地址是 daniel.zingaro@gmail.com，但这只是一种写法。如果你发送电子邮件到 daniel.zingaro+book@gmail.com，或者 daniel.zingaro+hi.there@gmail.com，我也会收到它。（选择你喜欢的电子邮件地址。跟我打个招呼！）

在Gmail地址中，@符号前的点也会被忽略。例如，如果你发送电子邮件到danielzingaro @gmail.com（@符号前没有点）、daniel..zingaro@gmail.com（两个连续的点）、da.nielz.in.gar.o..@gmail.com（随意添加的点）或 daniel.zin.garo+blah@gmail.com，我都会收到它们。

最后一点：整个电子邮件地址中的大小写差异都被忽略。我希望你在这里不要生我的气，但我会收到你发送到 Daniel.Zingaro@gmail.com、DAnIELZIngARO+Flurry@gmAIL.COM 等地址的电子邮件。

在这个问题中，我们得到了很多电子邮件地址，并且需要确定它们实际上代表了多少不同的原地址。这个问题中的电子邮件地址规则与 Gmail 的规则相同：从加号开始到@符号之前为止的字符被忽略，@符号之前的点也被忽略，整个地址的大小写也被忽略。

输入

10 个测试用例。每个测试用例包含以下几行。

- 一行包含整数 *n*，即电子邮件地址的数量。*n* 的取值范围为 1～100000。
- *n* 行，每行给出一个电子邮件地址。每个电子邮件地址包含@符号之前的至少一个字符，接着是@符号本身，然后是@符号之后的至少一个字符。@符号之前的字符包括字母、数字、点和加号。@符号之后的字符由字母、数字和点组成。

输出

对于每个测试用例，输出按规则合并（即“清理”）后的电子邮件地址数量。

解决测试用例的时间限制是 30 秒。

8.1.1　使用列表

你已经学习了本书的前 7 章。在各章中，我提出问题，然后探讨新的 Python 特性，以便解决这个问题。因此，你可能会想到，我在解决电子邮件地址问题之前会探讨一些新的 Python 特性。

你可能会反对这一点：我们不是已经有了所需的知识吗？毕竟，可以编写函数来获取电子邮件地址，并返回清理后的版本，清理后的地址没有加号及加号后、@之前的字符，@符号前没有点，而且都是小写的。我们还可以维护清理后的电子邮件地址列表。对于看到的每一个电子邮件地址，我们可以清理它，并检查它是否在清理后的电子邮件地址列表中。如果它不在，就添加它；如果它在，就什么都不做（因为它已经被计算在内了）。一旦遍历了所有的电子邮件地址，列表的长度就提供了按规则清理后的电子邮件地址的数量。

是的。我们可能已经有了所需的知识。让我们试着解决这个问题。

清理一个电子邮件地址

考虑一下电子邮件地址 DAnIELZIngARO+Flurry@gmAIL.COM。我们要清理这个电子邮件地址，使其成为 danielzingaro@gmail.com。没有+Flurry，@符号前没有点，全部为小写。我们可以把这个清理后的版本看作真正的电子邮件地址（即“原地址”）。任何其他代表相同真实电子邮件地址的电子邮件地址一旦被清理，都符合 danielzingaro@gmail.com 的形式。

清理电子邮件地址是一个小的、独立的任务，所以我们为它写一个函数。这个 `clean` 函数将接收一个代表电子邮件地址的字符串，对它进行清理，并返回清理后的电子邮件地址。我们将进行 3 个清理步骤：移除从加号到@符号之前的字符，移除@符号前的点，转换为小写字母。这个函数的代码在清单 8-1 中。

清单 8-1：清理一个电子邮件地址

```
def clean(address):
    """
    address is a string email address.

    Return cleaned address.
    """
    # Remove from '+' up to but not including '@'
❶   plus_index = address.find('+')
    if plus_index != -1:
     ❷ at_index = address.find('@')
        address = address[:plus_index] + address[at_index:]

    # Remove dots before @ symbol
    at_index = address.find('@')
    before_at = ''
    i = 0
    while i < at_index:
     ❸ if address[i] != '.':
           before_at = before_at + address[i]
        i = i + 1

❹ cleaned = before_at + address[at_index:]

  # Convert to lowercase
❺ cleaned = cleaned.lower()

  return cleaned
```

第一步是移除从加号到@符号之前的字符。字符串 `find` 方法在这里很有用。它返回其参数在最左边出现时的索引，如果没有找到参数，则返回-1：

```
>>>  'abc+def'.find('+')
3
>>>  'abcdef'.find('+')
-1
```

我用 find 来确定最左边的加号的索引❶。如果根本就没有加号，那么这一步就没什么可做的。然而，如果有，我们就找到@符号的索引❷，然后移除从加号到@符号（但不包括@符号）的字符。

第二步是移除@符号之前的所有点。为了做到这一点，我使用了新的字符串 `before_at` 来累积@符号之前的地址部分。@符号之前的字符如果不是点，就会被添加到 `before_at`❸。`before_at` 字符串不包括@符号和它后面的所有字符。我们不想丢失电子邮件地址的这一部分，所以我用新的变量 `cleaned` 来指代整个电子邮件地址❹。

第三步是将整个电子邮件地址转换为小写字母❺。之后，电子邮件地址就清理好了，可以返回它。

我们稍微测试一下。在 Python Shell 中输入 `clean` 函数的代码。下面是该函数清理几个电子邮件地址的例子：

```
>>>  clean('daniel.zingaro+book@gmail.com')
'danielzingaro@gmail.com'
>>>   clean('da.nielz.in.gar.o..@gmail.com')
'danielzingaro@gmail.com'
```

```
>>> clean('DAnIELZIngARO+Flurry@gmAIL.COM')
'danielzingaro@gmail.com'
>>> clean('a.b.c@d.e.f')
'abc@d.e.f'
```

如果电子邮件地址已经是清理好的，则 `clean` 会将它原样返回：

```
>>> clean('danielzingaro@gmail.com')
'danielzingaro@gmail.com'
```

主程序

我们可以使用 `clean` 函数来清理任何电子邮件地址。现在的策略是维护清理后的电子邮件地址的列表。只有当一个清理后的电子邮件地址还没有被添加到这个列表中时，我们才会将它添加到这个列表中。这样一来，就可以避免重复添加同一个清理后的电子邮件地址。

程序的主要部分在清单 8-2 中。请确保在这段代码之前输入 `clean` 函数（清单 8-1），以获得完整的解决方案。

清单 8-2：主程序，使用一个列表

```
# Main Program

for dataset in range(10):
    n = int(input())
 ❶ addresses = []
    for i in range(n):
        address = input()
        address = clean(address)
      ❷ if not address in addresses:
            addresses.append(address)

❸ print(len(addresses))
```

这里有 10 个测试用例要处理，所以我们用循环 10 次的带范围的 for 循环来遍历。

对于每个测试用例，我们读取电子邮件地址的数量，并从一个清理后的电子邮件地址的空列表开始❶。

然后，用一个内部的带范围的 for 循环来遍历每个电子邮件地址。我们读取每个电子邮件地址，并对它进行清理。如果以前没有见过这个清理后的电子邮件地址❷，就将它添加到清理后的电子邮件地址列表中。

当内循环结束时，程序会建立一个所有清理后的电子邮件地址的列表。这个列表中没有重复的元素。那么，唯一的电子邮件地址的数量就是这个列表的长度，也就是我们的输出❸。

不错吧？似乎在第 6 章学习了函数之后，我们就可以解决这个问题了。更夸张地说，在第 5 章学习列表之后，就有了解决它的可能。

差不多是这样，但不完全是。如果将代码提交给评测网站，你应该注意到事情并不会按计划进行。

麻烦的第一个迹象是，评测网站需要一段时间来显示我们的结果。例如，我等了 1 分钟，结果才显示出来。这不同于之前解决的其他问题，之前我很快就能收到反馈。

麻烦的第二个迹象是，当结果显示出来时，我们并没有得到满分！我得到了 3.25 分，满分是 5 分。你的得分可能多一点或少一点，但不太可能是 5 分。

我们失分的原因不是因为程序逻辑有问题。程序可以正确地处理问题，不管是什么测试用例，它最终都会输出清理后的电子邮件地址的正确数量。

那么，如果程序是正确的，问题出在哪里呢？

问题是，程序太慢了。评测网站会在测试用例的开头显示“TLE”来提示我们。TLE 是指超过时间限制（time-limit exceeded）。对于这个问题，评测网站为每批（此处有 10 个）测试用例分配了 30 秒时间。如果程序耗时超过了 30 秒，评测网站就会终止程序，该批测试用例中的其余测试用例就不允许运行。

这可能是你第一次超过时限（你也可能在尝试完成以前章节的练习时看到“TLE”）。

遇到这个错误时，首先要检查程序是否陷入了一个无限循环。如果是这样，那么无论时间限制如何，它都不会结束。当分配的时间过后，评测网站会终止程序。

如果没有陷入无限循环，那么可能的问题就是程序本身的效率不够高。当程序员谈论效率时，他们指的是程序运行的时间。运行较快的程序（花费较少的时间）比运行较慢的程序（花费较多的时间）效率更高。为了在规定时间内解决测试用例，我们要使程序效率更高。

8.1.2 搜索列表的效率

向 Python 列表追加值是非常快的。不管列表中只有几个值还是有几千个值，追加值需要的时间都很短。

然而，使用 in 操作符则是另外一回事。我们的程序使用 in 操作符来确定一个清理后的电子邮件地址是否已经在列表中。一个测试用例可能有多达 100000 个电子邮件地址。那么，在最坏的情况下，程序可能会使用 100000 次 in。事实证明，在有很多值的列表上使用 in 是非常慢的，这最终降低了程序的效率。为了确定一个值是否在列表中，in 从头到尾逐个搜索列表。它一直这样做，直到找到它要找的值，或者查找完整个列表。in 要检查的值越多，它的速度就越慢。

来感受一下 in 随着列表长度的增加而变慢的方式。我们将使用一个函数，它接收一个列表和一个值，并使用 in 来搜索列表中的该值。我们让它反复搜索 50000 次，从而观察它的效率。如果只搜索一次，耗时就会太短，我们就无法看到发生了什么事。

这个函数在清单 8-3 中。在 Python Shell 中输入它。

清单 8-3：多次搜索一个集合

```
def search(collection, value):
    """
    search many times for value in collection.
    """
    for i in range(50000):
        found = value in collection
```

创建一个 1～5000 的整数列表并搜索 5000。通过搜索列表中最右边的值，我们尽可能让 in 在该列表上花费更多的时间。不要担心我们是用整数的列表而不是电子邮件地址的列表来探索这个问题。其效率是相似的，何况数字比电子邮件地址更容易生成！

下面开始：

```
>>> search(list(range(1, 5001)), 5000)
```

在我的笔记本电脑上，这需要大约 3 秒的时间。我们在这里不需要精确的时间，我们只是想了解一下，当列表长度增加时会发生什么。

现在让我们创建一个 1～10000 的整数列表并搜索 10000：

```
>>> search(list(range(1, 10001)), 10000)
```

在我的笔记本电脑上，这需要大约 6 秒。至今为止，对于长度为 5000 的列表，需要 3 秒。列表长度增加 1 倍，耗时也增加 1 倍。

长度为 20000 的列表？试一试吧：

```
>>> search(list(range(1, 20001)), 20000)
```

这在我的笔记本电脑上需要大约 12 秒。耗时又增加了 1 倍。

在一个长度为 50000 的列表上试试。你将会等待一段时间。我刚刚在笔记本电脑上运行了这行代码：

```
>>> search(list(range(1, 50001)), 50000)
```

这花了超过 30 秒。请记住，我们的搜索功能是在列表中反复搜索 50000 次。所以，30 秒的时间可以用来搜索一个长度为 50000 的列表 50000 次。

我们可能有一个需要这么多次搜索的测试用例。假设我们将 100000 个清理后的电子邮件地址添加到列表中，一次一个。在中途，我们会有一个包含 50000 个值的列表。从那时起，剩下的 50000 个 in 会用在一个至少有 50000 个值的列表上。这只是 10 个测试用例中的一个！我们需要在总共 30 秒内通过所有 10 个测试用例。如果一个测试用例本身就需要 30 秒，我们就没有机会了。

搜索列表实在是太慢了。使用列表是不合适的。我们需要一个更适合这项工作的类型：集合。搜索集合会快得难以置信。

8.1.3　集合

集合是一种 Python 类型，用于保存一个值的集合，其中不允许重复的值。

我们使用花括号来给集合定界。

与列表不同，集合可能不会按照你指定的顺序保持数值。下面是一个整数集合：

```
>>> {13, 15, 30, 45, 61}
{45, 13, 15, 61, 30}
```

请注意，Python 打乱了这些值的顺序。你可能会看到不同顺序的值。重要的一点是，你不能依赖于任何特定的顺序。如果值的顺序对你很重要，那么集合就不是你要使用的类型。

如果我们试图在集合中多次包含同一个值，那么该值只会保留一次：

```
>>> {1, 1, 3, 2, 3, 1, 3, 3, 3}
{1, 2, 3}
```

如果集合包含完全相同的值，那么它们就是相等的，即使以不同的顺序写出它们：

```
>>> {1, 2, 3} == {1, 2, 3}
True
>>> {1, 1, 3, 2, 3, 1, 3, 3, 3} ==  {1, 2, 3}
True
>>> {1, 2} == {1, 2, 3}
False
```

我们可以创建一个字符串的集合，像这样：

```
>>> {'abc@d.e.f', 'danielzingaro@gmail.com'}
{'abc@d.e.f', 'danielzingaro@gmail.com'}
```

但不能创建一个列表的集合：

```
>>> {[1, 2], [3, 4]}
Traceback (most recent call last):
  File "<stdin>", line 1, in <module>

TypeError: unhashable type: 'list'
```

集合中的值必须是不可变的，这就解释了为什么不能把列表放在集合中。这个限制与Python如何在集合中搜索值有关。当Python将一个值添加到集合中时，它使用这个值本身来确定这个值的确切存储位置。之后，Python可以通过在值应该所在的地方寻找这个值。如果集合中的一个值发生变化，Python就可能会在错误的地方寻找，从而无法找到这个值。

虽然我们不能创建列表的集合，但创建集合的列表是没有问题的：

```
>>> lst = [{1, 2, 3}, {4, 5, 6}]
>>> lst
[{1, 2, 3}, {4, 5, 6}]
>>> len(lst)
2
>>> lst[0]
{1, 2, 3}
```

可以使用`len`函数来确定集合中值的数量：

```
>>> len({2, 4, 6, 8})
4
```

也可以使用循环来访问集合中的值：

```
>>> for value in {2, 4, 6, 8}:
...     print('I found', value)
...
I found 8
I found 2
I found 4
I found 6
```

不过，你不能对一个集合进行索引或切片。集合中的值没有索引。

为了创建空集合，你可能希望使用一对空的花括号——**{}**。但由于语法冲突，这是不可行的：

```
>>> type({2, 4, 6, 8})
<class 'set'>
>>> {}
```

```
{}
>>> type({})
<class 'dict'>
```

使用{}会给我们带来错误的类型：dict（字典），而不是 set（集合）。我们将在 8.2.2 小节开始讨论字典。

为了创建一个空集合，我们使用 set()，像这样：

```
>>> set()
set()
>>> type(set())
<class 'set'>
```

8.1.4　集合方法

集合是可变的。我们可以对其添加和移除值。可以通过方法来执行这些任务。

使用 dir(set())可以获得集合方法的列表。使用 help 可以获得关于某个特定集合方法的帮助，就像我们使用 help 来了解字符串或列表方法一样。例如，要了解 add 方法，可以输入 help(set().add)。

add 方法是用来向集合添加值的方法，类似于列表中的 append：

```
>>> s = set()
>>> s
set()
>>> s.add(2)
>>> s
{2}
>>> s.add(4)
>>> s
{2, 4}
>>> s.add(6)
>>> s
{2, 4, 6}
>>> s.add(8)
>>> s
{8, 2, 4, 6}
>>> s.add(8)
>>> s
{8, 2, 4, 6}
```

要移除一个值，我们使用 remove 方法：

```
>>> s.remove(4)
>>> s
{8, 2, 6}
>>> s.remove(8)
>>> s
{2, 6}
>>> s = {2, 6}
>>> s.remove(8)
Traceback (most recent call last):
  File "<stdin>", line 1, in <module>
KeyError: 8
```

概念检查

使用 help 来了解集合的 update 和 intersect 方法。在下面的代码中，调用 print 会输出什么？

```
s1 = {1, 3, 5, 7, 9}
s2 = {1, 2, 4, 6, 8, 10}
s3 = {1, 4, 9, 16, 25}
s1.update(s2)
s1.intersection(s3)
print(s1)
```

A. {1, 2, 3, 4, 5, 6, 7, 8, 9, 10}

B. {1, 1, 2, 3, 4, 5, 6, 7, 8, 9, 10}

C. {1, 4, 9}

D. {1, 4, 9, 16, 25}

E. {1}

答案：A。update 方法将在集合 s2 中且不在集合 s1 中的元素添加到集合 s1 中。调用 update 方法后，s1 是集合{1, 2, 3, 4, 5, 6, 7, 8, 9, 10}。

现在是调用 intersection 的时候。两个集合的交集是由同时在两个集合中的值组成的集合。这里，s1 和 s2 的交集是{1, 4, 9}。然而，intersection 方法并没有修改一个集合，而是产生了一个新的集合！由于这个原因，它对 s1 没有影响。

8.1.5 搜索集合的效率

解决“电子邮件地址”问题。

我们关心清理后的电子邮件地址的顺序吗？不！我们所关心的是电子邮件地址是否已经在里面。

清理后的电子邮件地址允许重复吗？不!事实上,我们要明确地避免存储重复的电子邮件地址。

顺序并不重要，而且不允许重复。这两个因素表明，集合是我们需要的类型。

我们在尝试使用列表时受挫，因为搜索列表的速度太慢。集合将带来改进，因为搜索集合的速度比搜索列表的速度快。

我们已经使用清单 8-3 中的 search 函数来搜索列表。但是那个函数并没有做任何特别需要列表的事情！它使用了 in 操作符，而 in 对列表和集合都有效。因此我们也可以使用这个函数，不做任何改变，来搜索一个集合。

在 Python Shell 中输入清单 8-3 中的 search 函数。请在你的电脑上跟着做，以了解搜索一个长列表和一个大集合之间的区别：

```
>>> search(list(range(1, 50001)), 50000)
❶ >>> search(set(range(1, 50001)), 50000)
```

我用 set 和 range 产生了一个整数集合（而不是列表）❶。

在我的笔记本电脑上，搜索列表大约需要 30 秒。相比之下，搜索集合几乎是瞬间完成的。

在集合中搜索的效率十分高。不要在列表中尝试接下来的操作——在 500000 个值中进行搜索：

```
>>> search(set(range(1, 500001)), 500000)
```

好了！小菜一碟。

Python 管理列表的方式，让我们可以在任何时候使用任何索引。Python 不能灵活地处理值的顺序：第一个值必须位于索引 0，第二个值必须位于索引 1，以此类推。对于一个集合，Python 可以用它想要的任何方式来存储它，因为它没有承诺为我们保持数据项的顺序。正是这种增加的自由度，使 Python 能够优化搜索集合的度。

由于类似的原因，还有一些操作在大列表上非常慢，但在大集合上非常快。例如，从列表中移除一个值是非常慢的，因为 Python 必须减少该值右边的每个值的索引。相比之下，从集合中移除值是非常快的：没有索引需要更新！

8.1.6　解决问题

现在已经有了一个清理电子邮件地址的函数（清单 8-1），我们将在基于集合的解决方案中使用这个函数。至于主程序，清单 8-2 已经完成了大部分的工作。我们只需要使用集合而不是列表。

新的主程序在清单 8-4 中。在这段代码之前包括清单 8-1，以获得问题的完整解决方案。

清单 8-4：主程序，使用一个集合

```
# Main Program

for dataset in range(10):
    n = int(input())
 ❶ addresses = set()
    for i in range(n):
        address = input()
        address = clean(address)
     ❷ addresses.add(address)

    print(len(addresses))
```

注意，现在使用的是电子邮件地址的集合❶，而不是列表。在清理完每个电子邮件地址之后，用集合的 add 方法将它添加到这个集合中❷。

在清单 8-2 中，我们用 in 操作符检查一个电子邮件地址是否已经在列表中，这样就不会添加重复的地址。在基于集合的解决方案中，似乎没有相应的检查步骤。它去哪儿了？似乎我们正在将每个电子邮件地址添加到集合中，甚至没有确定它是否已经在那里。

在使用集合的时候，我们可以不手动进行 in 检查，因为集合从来不包含重复的东西。add 方法为我们进行了处理，确保重复的地址不会被添加。你可以认为 add 自动进行了 in 检查。这里没有效率问题，因为搜索一个集合是非常快的。

如果将这个解决方案提交给评测网站，你应该在规定的时间内通过所有的测试用例。

正如你在这里所看到的，选择适当的 Python 类型，就可以将从不令人满意的解决方案变成令人满意的解决方案。在开始写代码之前，要问问自己会经常进行哪些操作，哪种 Python 类型适合这些操作。

在继续之前，你可能想尝试解决本章的练习 1 和练习 2。

8.2 问题 19：常见单词

在这个问题中，我们需要将单词与它们出现的次数联系起来。这超出了集合的能力，所以我们在这里不使用集合。作为替代，我们将学习并使用 Python 字典。

这是 DMOJ 上代码为 cco99p2 的问题。

挑战

我们得到了几个单词，这些单词不一定是不同的（例如，其中可能多次出现“brook”这个单词）。我们还得到一个整数 k。

我们的任务是找到第 k 常见的单词。一个单词 w 是第 k 常见的单词，就是指恰好有$(k-1)$个不同的单词出现得比 w 更频繁。

请确保我们对第 k 个最常见的单词的定义是清楚的。如果 k 为 1，那么我们要找的是正好有 0 个单词比其出现得更频繁的单词（也就是说，我们要找的是出现频率最高的单词）；如果 k 为 2，那么我们要找的是正好有 1 个单词比其出现得更频繁的单词；如果 k 为 3，那么我们就会找正好有 2 个不同的单词比其出现得更频繁的单词，以此类推。

输入

输入包含一行给出测试用例的数量，然后是测试用例本身的行。每个测试用例包含以下几行。

- 一行包含整数 m（测试用例中的单词数）和 k，用空格隔开。m 的取值范围为 0～1000；k 至少是 1。
- m 行，每行给出一个单词。每个单词最多由 20 个字符组成，所有字符都是小写。

输出

对于每个测试用例，输出以下几行。

- 第一行为

```
p most common word(s):
```

  其中，如果 k 是 1，p 是 1st；如果 k 是 2，p 是 2nd；如果 k 是 3，p 是 3rd；如果 k 是 4，p 是 4th……
- 第二行包含全部第 k 常见的单词。如果没有这样的单词，这里就没有输出行。
- 第三行为空白行。

解决测试用例的时间限制是 1 秒。

8.2.1 探索一个测试用例

我们从探索一个测试用例开始。这将促进我们对问题的理解，并激励我们使用一个新的 Python 类型。

假设我们对最常见的单词感兴趣，这意味着 k 是 1。下面是测试用例：

```
1
14 1
storm
cut
magma
cut
brook
gully
gully
storm
cliff
cut
blast
brook
cut
gully
```

出现频率最高的单词是 `cut`。`cut` 出现 4 次，其他单词没有出现这么多次。因此，正确的输出是：

```
1st most common word(s):
cut
❶
```

请注意，在末尾要求有空行❶。

现在，如果 k 是 2，我们该怎么做？可以通过再次扫描这些单词并计算其出现次数来回答这个问题，但是有一种不同的方式来组织这些单词，从而简化任务。与其说测试用例是单词列表，不如将每个单词与其出现的次数联系起来看，见表 8-1。

表 8-1　单词及其出现的次数

单词	出现的次数
cut	4
gully	3
storm	2
brook	2
magma	1
cliff	1
blast	1

我根据这些单词的出现次数对它们进行了排序。请看最上面一行，我们可以再次确认 k 取 1 时要输出的是 `cut` 这个单词。再看第二行，我们看到 `gully` 是 k 取 2 时要输出的单词。`gully` 是唯一满足“恰好有一个单词比它出现次数更多”的单词。

现在 k 取 3。这一次有两个单词要输出，即 `storm` 和 `brook`，因为它们都出现相同的次数。每一个单词都恰好有两个单词比它们出现次数更多。这表明，我们有时需要输出不止一个单词。

这时我们就会发现，也有可能需要输出零个单词。例如，考虑到 *k* 取 4 时，没有任何一个单词满足“正好有 3 个单词比它的出现次数更多”这个条件。从表 8-1 中往下看，你可能会想，为什么 *k* 取 4 时不输出 `magma`。不输出 `magma` 是因为，有 4 个单词（而不是 3 个）比 `magma` 的出现次数更多。

当 *k* 取 5 时，我们有 3 个单词可以输出：`magma`、`cliff` 和 `blast`。在继续之前，请自己验证一下，对于任何其他 *k* 值（如 6、7、8、9、100……），都没有单词可以输出。

表 8-1 为我们简化了这个问题。我们现在要学习如何用 Python 来组织这样的信息。

8.2.2 字典

字典是一种 Python 类型。它存储了从一组元素（称为键，key）到另一组元素（称为值，value）的映射。

我们使用花括号来给字典定界。这些符号与我们用于集合的符号相同，但是 Python 可以区分集合和字典，因为我们在花括号间编写的内容不同。对于一个集合，我们列出值；对于一个字典，我们列出形如 `key:value` 的键值对。

下面是一个字典，将一些字符串映射到数字：

```
>>> {'cut':4,  'gully':3}
{'cut': 4, 'gully': 3}
```

在这个字典中，键是 `'cut'` 和 `'gully'`，而值是 4 和 3。键 `'cut'` 映射到值 4，而键 `'gully'` 映射到值 3。

基于我们接触的集合概念，你可能会想知道字典是否按照我们输入的顺序来维护这些配对。例如，你可能会想这是否会发生：

```
>>> {'cut':4,  'gully':3}
{'gully': 3, 'cut': 4}
```

从 Python 3.7 开始，答案是否定的：字典会保留你添加配对的顺序。在早期的 Python 版本中，字典并不保持这种顺序，所以你可以以一种顺序添加键值对，再以另一种顺序取出它们。写代码时不要依赖 Python 3.7 的行为，因为在可预见的未来，老版本的 Python 仍会被使用。

如果字典包含相同的键值对，那么它们就是相等的，即使以不同的顺序写出：

```
>>> {'cut':4,  'gully':3}  ==  {'cut':4,  'gully':3}
True
>>> {'cut':4, 'gully':3} ==  {'gully': 3, 'cut': 4}
True
>>> {'cut':4, 'gully':3} ==  {'gully': 3, 'cut': 10}
False
>>> {'cut':4,  'gully':3}  ==  {'cut':  4}
False
```

8

字典的键必须是唯一的。如果你试图多次包含同一个键，只会保留涉及该键的一个键值对：

```
>>> {'storm': 1, 'storm': 2}
{'storm': 2}
```

相比之下，重复的值是可以的：

```
>>> {'storm': 2, 'brook': 2}
{'storm': 2, 'brook': 2}
```

键是不可变的值，如数字和字符串。值可以是不可变的，也可以是可变的。这意味着我们不能用一个列表作为键，但可以用一个列表作为值：

```
>>> {['storm',  'brook']:  2}
Traceback (most recent call last):
  File "<stdin>", line 1, in <module>
TypeError: unhashable type: 'list'
>>> {2:  ['storm',  'brook']}
{2: ['storm', 'brook']}
```

`len` 函数给出了字典中键值对的数量：

```
>>> len({'cut':4,  'gully':3})
2
>>> len({2: ['storm', 'brook']})
1
```

要创建一个空的字典，我们可以使用`{}`。这就是为什么只能退而求其次地用 `set()`语法来创建一个集合，因为更简洁的语法留给了字典：

```
>>> {}
{}
>>> type({})
<class 'dict'>
```

这个类型被称为 `dict`，而不是 `dictionary`。

你会看到 dictionary 和 dict 在 Python 的资源和代码中交替出现，但我更喜欢使用 dictionary。

概念检查

以下哪项最适合于字典而不是列表或集合？

A. 人们完成一场比赛的顺序

B. 一个菜谱所需的成分

C. 国家的名称和它们的首都

D. 50 个随机的整数

答案：C。这是唯一包括键和值之间的映射关系的选项。在这里，键可以是国家，而值可以是首都。

概念检查

下面这个字典中的值（忽略键）的类型是什么？

```
{'MLB': {'Bluejays': [1992, 1993],
         'Orioles': [1966, 1970, 1983]},
'NFL': {'Patriots': ['too many']}}
```

A. 整数
B. 字符串
C. 列表
D. 字典
E. 上述的一个以上

答案：D。字典中每个键的值本身就是一个字典。例如，键'MLB'被映射到一个字典，该字典有两个属于它自己的键值对。

8.2.3 索引字典

我们可以使用方括号来查找键所对应的值。这类似于对列表进行索引的方式，但键是有效的"索引"：

```
>>> d = {'cut':4,  'gully':3}
>>> d
{'cut': 4, 'gully': 3}
>>> d['cut']
4
>>> d['gully']
3
```

使用不存在的键会导致程序出错：

```
>>> d['storm']
Traceback (most recent call last):
  File "<stdin>", line 1, in <module>
KeyError: 'storm'
```

我们可以先使用 in 来检查键是否在字典中，从而避免这个错误。在字典中使用的 in 操作符只检查键，不检查值：

```
>>> if 'cut' in d:
...     print(d['cut'])
...
4
>>> if 'storm' in d:
...     print(d['storm'])
...
```

在字典上使用索引和 in 是非常快的操作。它们不需要搜索任何类型的列表，不管字典里有多少个键。

有时使用 get 方法而不是索引来查找一个键的值会更方便。get 方法从不产生错误，即使键不存在：

```
>>> print(d.get('cut'))
4
>>>  print(d.get('storm'))
None
```

如果键存在，get 会返回其值。否则，它返回 None，以表示该键不存在。

除了查找键的值，我们还可以用方括号将键添加到字典中，或者改变一个键所对应的值。下面展示了如何做这些事情，从一个空字典开始：

```
>>> d = {}
>>> d['gully'] = 1
>>> d
{'gully': 1}
>>> d['cut'] = 1
>>> d
{'gully': 1, 'cut': 1}
>>> d['cut'] = 4
>>> d
{'gully': 1, 'cut': 4}
>>> d['gully'] = d['gully']  +  1
>>> d
{'gully': 2, 'cut': 4}
>>> d['gully'] = d['gully']  +  1
>>> d
{'gully': 3, 'cut': 4}
```

概念检查

使用 help({}.get)来了解更多有关字典的 get 方法的信息。

以下代码的输出是什么？

```
d = {3: 4}
d[5] = d.get(4, 8)
d[4] = d.get(3, 9)
print(d)
```

A. {3: 4, 5: 8, 4: 9}

B. {3: 4, 5: 8, 4: 4}

C. {3: 4, 5: 4, 4: 3}

D. get 会导致错误

答案：B。第一次调用 get 时返回 8，因为键 4 在字典中不存在。因此，字典中增加了值为 8 的键 5。

第二次调用 get 时返回 4，因为键 3 已经在字典中，所以第二个参数 9 被忽略了。因此，字典中添加了值为 4 的键 4。

8.2.4 循环遍历字典

如果在字典上使用 for 循环，我们会得到这个字典的键：

```
>>> d = {'cut': 4, 'gully': 3, 'storm': 2, 'brook': 2}
>>> for word  in d:
...     print('a key is', word)
...
a key is cut
a key is gully
a key is storm
a key is brook
```

我们可能还想访问与每个键的值，可以通过使用每个键作为字典中的索引来做到这一点。下面的代码同时访问键及其值的循环：

```
>>> for word  in d:
...     print('key', word, 'has value', d[word])
...
key cut has value 4
key gully has value 3
key storm has value 2
key brook has value 2
```

字典有一些方法，可以让我们访问键、值（或两者）。

keys 方法给我们提供键，values 方法给我们提供值：

```
>>> d.keys()
dict_keys(['cut', 'gully', 'storm', 'brook'])
>>> d.values()
dict_values([4, 3, 2, 2])
```

这些不是列表，但可以将它们传递给 list 来转换：

```
>>> keys = list(d.keys())
>>> keys
['cut', 'gully', 'storm', 'brook']
>>> values = list(d.values())
>>> values
[4, 3, 2, 2]
```

有了可用的键值列表，就可以对键值进行排序，然后按顺序遍历它们：

```
>>> keys.sort()
>>> keys
['brook', 'cut', 'gully', 'storm']
>>> for word in keys:
...     print('key', word, 'has  value', d[word])
...
key brook has value 2
key cut has value 4
key gully has value 3
key storm has value 2
```

还可以遍历值：

```
>>> for num in d.values():
...     print('number', num)
...
```

```
number 4
number 3
number 2
number 2
```

遍历键通常比遍历值更受欢迎。用键查找值很容易，但从一个值回溯它的键就不那么容易了。

最后一个与此相关的方法是 items。它让我们可以同时访问键和值：

```
>>> pairs = list(d.items())
>>> pairs
[('cut', 4), ('gully', 3), ('storm', 2), ('brook', 2)]
```

这给了我们另一种方法来遍历字典的键值对：

```
>>> for pair in pairs:
...     print('key', pair[0], 'has value', pair[1])
...
key cut has value 4
key gully has value 3
key storm has value 2
key brook has value 2
```

仔细看一下 pairs 值：

```
>>> pairs
[('cut', 4), ('gully', 3), ('storm', 2), ('brook', 2)]
```

这里的格式有些奇怪：每个内部值两侧都是圆括号，而不是方括号。事实表明，这不是列表的列表，而是元组的列表：

```
>>> type(pairs[0])
<class 'tuple'>
```

元组与列表类似，它们都存储一串数值。元组和列表最重要的区别是元组是不可改变的。可以在它们上面循环、为它们建立索引、将它们切片，但不能修改它们。试图修改元组会导致程序出错：

```
>>> pairs[0][0] = 'river'
Traceback (most recent call last):
  File "<stdin>", line 1, in <module>
TypeError: 'tuple' object does not support item assignment
```

你可以使用圆括号创建你自己的元组。对于只有一个值的元组，我们需要在尾部写出逗号。对于一个有多个值的元组，则不需要：

```
>>> (4,)
(4,)
>>> (4, 5)
(4, 5)
>>> (4, 5, 6)
(4, 5, 6)
```

元组有几个方法，但数量不多，因为不允许存在改变元组的方法。如果你对元组感兴趣，我鼓励你去了解更多关于元组的知识，但在本书中我们不会再使用元组。

8.2.5 倒置字典

我们就快能用字典解决“常见单词”问题了。计划是从单词映射到它们的出现次数。处理一个单词时，我们检查这个单词是否已经在字典中。如果不是，我们就添加它并令其值为 1；如果是，我们就把它的值增加 1。

下面是的例子尝试添加两个单词，我们见过其中一个单词，没见过另一个：

```
>>> d = {'storm':  1, 'cut': 1, 'magma':  1}
>>> word = 'cut'   # 'cut' is already in the dictionary
>>> if not word in d:
...     d[word] = 1
... else:
...     d[word] = d[word] + 1
...
>>> d
{'storm': 1, 'cut': 2, 'magma': 1}
>>> word  = 'brook'    # 'brook' is not in the dictionary
>>> if not word in d:
...     d[word] = 1
... else:
...     d[word] = d[word] + 1
...
>>> d
{'storm': 1, 'cut': 2, 'magma': 1, 'brook': 1}
```

字典使我们能够很容易地从一个键到一个值。例如，给定键 `'brook'`，可以很容易地查询到值 1：

```
>>> d['brook']
1
```

参照表 8-1，这就好比从左栏的一个单词到右栏的出现次数。不过，这并不能直接告诉我们哪些单词有指定的出现次数。我们真正需要做的是，从右栏到左栏，从出现次数到单词。然后，我们就可以对出现次数按从多到少的顺序进行排序，以找到我们需要的单词。

也就是说，我们需要将这样的字典：

```
{'storm': 2, 'cut': 4, 'magma': 1, 'brook': 2,
 'gully': 3, 'cliff': 1, 'blast': 1}
```

变成这样的倒置的字典：

```
{2: ['storm', 'brook'], 4: ['cut'], 1: ['magma', 'cliff', 'blast'],
 3: ['gully']}
```

原始字典从字符串映射到数字。倒置的字典则从数字映射到字符串（严格来说，倒置的字典从数字映射到字符串的列表）。请记住，每个键在一个字典中只允许使用一次。在倒置的字典中，需要将每个键映射到多个值，所以我们将所有这些值存储在列表中。

倒置字典，即将键变成值、将值变成键。如果一个键在倒置的字典中还不存在，我们就为它的值创建列表。如果一个键已经在倒置的字典中，就把它的值加到它的列表中。

我们现在可以编写函数来返回倒置的字典。代码见清单 8-5。

清单 8-5：倒置字典

```
def invert_dictionary(d):
    """
    d is a dictionary mapping strings to numbers.

    Return the inverted dictionary of d.
    """
    inverted = {}
❶   for key in d:
    ❷   num = d[key]
        if not num in inverted:
        ❸   inverted[num] = [key]
        else:
        ❹   inverted[num].append(key)
    return inverted
```

我们在字典 d 上使用 for 循环❶，它给出了每个键。对 d 进行索引，以获得这个键所映射的值❷，然后把这个键值对添加到倒置的字典。如果 num 还不是倒置的字典中的键，就把它加进去，让它映射到 d 中的相关键❸。如果 num 已经是倒置的字典中的键，那么它的值已经是一个列表。因此，可以用 append 将 d 中的键添加为另一个值❹。

让我们试着在 Python Shell 中输入 `invert_dictionary` 函数的代码：

```
>>> d = {'a': 1, 'b': 1, 'c': 1}
>>>  invert_dictionary(d)
{1: ['a', 'b', 'c']}
>>> d = {'storm': 2, 'cut': 4, 'magma': 1, 'brook': 2,
...      'gully':  3,  'cliff': 1,  'blast':  1}
>>>  invert_dictionary(d)
{2: ['storm', 'brook'], 4: ['cut'], 1: ['magma', 'cliff', 'blast'],
3: ['gully']}
```

现在我们准备用倒置的字典来解决“常见单词”问题。

8.2.6　解决问题

你如果想在自上而下的设计方面有更多的练习，可能想在继续之前自己解决这个问题。为了节省篇幅，我不会按照自顶向下设计的步骤来做。相反，我将完整地介绍这个解决方案，然后讨论每个函数及这些函数的使用方法。

代码

解决方案在清单 8-6 中。

清单 8-6：解决“常见单词”问题

```
def invert_dictionary(d):
    """
    d is a dictionary mapping strings to numbers.

    Return the inverted dictionary of d.
    """
    inverted = {}
    for key in d:
        num = d[key]
        if not num in inverted:
```

```
            inverted[num] = [key]
        else:
            inverted[num].append(key)
    return inverted


❶ def with_suffix(num):
    """
    num is an integer >= 1.


    Return a string of num with its suffix added; e.g. '5th'.
    """
❷   s = str(num)
❸   if s[-1] == '1' and s[-2:] != '11':
        return s + 'st'
    elif s[-1] == '2' and s[-2:] != '12':
        return s + 'nd'
    elif s[-1] == '3' and s[-2:] != '13':
        return s + 'rd'
    else:
        return s + 'th'


❹ def most_common_words(num_to_words, k):
    """
    num_to_words is a dictionary mapping number of occurrences to
        lists of words.
    k is an integer >= 1.

    Return a list of the kth most-common words in num_to_words.
    """
    nums = list(num_to_words.keys())
    nums.sort(reverse=True)

    total = 0
    i = 0
    done = False
❺   while i < len(nums) and not done:
        num = nums[i]
❻       if total + len(num_to_words[num]) >= k:
            done = True
        else:
            total = total + len(num_to_words[num])
            i = i + 1

❼   if total == k - 1 and i < len(nums):
        return num_to_words[nums[i]]
    else:
        return []


❽ n = int(input())

for dataset in range(n):
    lst = input().split()
    m = int(lst[0])
    k = int(lst[1])

    word_to_num = {}

    for i in range(m):
        word = input()
```

8

```
        if not word in word_to_num:
            word_to_num[word] = 1
        else:
            word_to_num[word] = word_to_num[word] + 1

❾ num_to_words = invert_dictionary(word_to_num)
  ordinal = with_suffix(k)
  words = most_common_words(num_to_words, k)

  print(f'{ordinal} most common word(s):')
  for word in words:
      print(word)

print()
```

第一个函数是 invert_dictionary。我们已经在 8.2.5 小节讨论过了。现在我们再来看看程序的其他部分。

添加后缀

with_suffix 函数❶接收一个数字，并返回一个字符串，在该数字上添加了正确后缀。我们需要这个函数，因为有一个麻烦的要求：输出带后缀的 *k*。例如，如果 *k* 为 1，就必须产生下面这一行作为输出的一部分：

```
1st most common word(s):
```

如果 *k* 为 2，就必须产生下面这一行作为输出的一部分：

```
2nd most common word(s):
```

以此类推。with_suffix 函数确保为数字加上正确的后缀。我们先将数字转换为字符串❷，以便能够轻易地访问其数字，然后我们用一系列的测试来确定后缀是 st、nd、rd 或 th。例如，如果最后一个数字是 1，但最后两个数字不是 11❸，那么正确的后缀是 st。这样我们就可以得到 1st、21st 和 31st，但不会有 11st（这是不正确的）。

寻找第 *k* 常见的单词

most_common_words 函数❹实际找到我们需要的单词。它接收一个倒置的字典（它将出现次数映射到单词列表）和一个整数 *k*，并返回第 *k* 常见的单词列表。

为了了解它是如何工作的，让我们看一个倒置字典的示例。我把它的键按出现次数从最多到最少的顺序组织起来，因为这就是 most_common_words 遍历键的顺序。下面是这个字典：

```
{4: ['cut'],
 3: ['gully'],
 2: ['storm', 'brook'],
 1: ['magma', 'cliff', 'blast']}
```

假设 *k* 是 3。因此，必须恰好有 2 个单词比我们返回的单词更常见。我们所需要的单词不是由第 1 个字典键提供的——那个键只给了我们一个单词（cut），所以它不可能是第 3 常见的单词。同样地，我们所需要的单词也不是由第 2 个字典键提供的。这个键又给了我们一个单词（gully）。我们现在总共处理了 2 个单词，但还没有找到第 3 常见的单词。然而，我们需要的单词是由第 3 个字典键提供的。这个键给了我们 2 个单词，每个单词（storm 和 brook）都正好有 2 个出现次数更多的单词，所以这些是 k 为 3 时的单词。

如果 k 是 4 呢？这一次，必须恰好有 3 个单词比我们返回的单词更常见。候选单词仍然是第 3 个键上的那些单词（storm 和 brook），但是只有 2 个单词比这些单词的出现次数更多。因此，当 k 取 4 时就没有单词了。

总之，需要将遍历键时看到的单词加起来，直到找到可能包含我们需要的单词的键。如果正好有$(k-1)$个单词出现的频率较高，就有对应于 k 的单词，否则就没有单词可以输出。

现在让我们来看看代码本身。我们首先获得一个字典的键的列表，并将它们从大到小排序。然后遍历这些键❺。done 变量告诉我们是否已经看了 k 个或更多的单词。一旦已经看过❻，我们就退出循环。

当循环完成后，我们检查是否有任何对应于 k 的单词。如果正好有$(k-1)$个出现频率较高的单词，而且我们还没有遍历完键❼，那么确实有单词可以返回。否则，没有单词可以返回，所以我们返回空列表。

主程序

现在我们进入程序的主要部分❽。建立字典 word_to_num，将每个单词映射到其出现次数上。建立倒置字典 num_to_words❾，将每个出现的次数映射到相关的单词列表。请注意这些字典的名称是如何确定映射的方向的：word_to_num 从单词到数字，而 num_to_words 从数字到单词。

剩下的代码会调用其他辅助函数并输出相应的单词。

有了这些，你就可以将代码提交给评测网站了。干得好！这是你用字典解决的第一个问题。每当需要在两种类型的值之间进行映射时，想想是否可以用字典来组织信息。如果可以，你很可能已经走在高效解决方案的正道上！

8.3　问题 20：城市和州

这是另一个我们可以使用字典的问题。当你阅读问题描述时，想一想可以用什么作为键，用什么作为值。

这是 USACO 2016 年 12 月银牌赛的问题“城市和州”。

挑战

美国被划分为一些地理区域，称为州。每个州都包含若干城市。每个州都可以用两字母的缩写来表示。例如，宾夕法尼亚州的缩写是 PA，南卡罗来纳州的缩写是 SC。我们将用大写字母来书写城市名称和州的缩写。

考虑宾夕法尼亚州的 SCRANTON 和南卡罗来纳州的 PARKER 这一对城市。这对城市很特别，因为每个城市的前两个字符都是另一个城市的州的缩写。也就是说，SCRANTON 的前两个字符是 SC（PARKER 的所在州），PARKER 的前两个字符是 PA（SCRANTON 的所在州）。

如果一对城市符合这个属性，并且不在同一个州，那么称它们为特殊城市对。

请确定在所提供的输入中，特殊城市对的数量。

输入

从名为 citystate.in 的文件中读取输入。

输入由以下几行组成。

- 一行包含 *n*，即城市的数量。*n* 的取值范围为 1～200000。
- *n* 行，每个城市一行。每行给出一个大写的城市名称，一个空格，以及大写的州的缩写。每个城市的名称长度取值范围为 2～10 个字符，每个州的缩写正好是两个字符。同一城市的名称可以存在于多个州，但在同一州不会出现一次以上。在这个问题中，城市或州的名称是任何符合这些要求的字符串，可能不是实际存在的城市或州的名称。

输出

特殊城市对的数量，需写入名为 citystate.out 的文件。

解决每个测试用例的时间限制是 4 秒。

8.3.1　探索一个测试用例

也许你在想，可以用一个列表来解决这个问题。这是一个很好的想法！如果你有兴趣，我建议在继续之前先试一试。其策略是使用两层循环来考虑每一对城市，并检查每一对城市是否特殊。使用这种方法有可能得出一个正确的解决方案。

这的确是正确的解决方案，但它很缓慢。城市列表可能是巨大的，最多可包含 20 万个城市，任何涉及搜索列表中的匹配城市的解决方案都太慢。让我们来探讨一个测试用例，看看字典能提供什么帮助。

下面是我们的测试用例：

```
12
SCRANTON PA
MANISTEE MI
NASHUA NH
PARKER SC
LAFAYETTE CO
WASHOUGAL WA
MIDDLEBOROUGH MA
MADISON MI
MILFORD MA
MIDDLETON MA
COVINGTON LA
LAKEWOOD CO
```

第一个城市是 SCRANTON PA。为了找到涉及这个城市的特殊配对，我们需要找到其他名称以 PA 开头且所在州为 SC 的城市。唯一符合这一描述的其他城市是 PARKER SC。

请注意，对于 SCRANTON PA，我们所关心的只是它的名称以 SC 开头，而且位于 PA 州，而不关心其他部分——如果一个城市是 SCMERWIN PA、SCSHOCK PA 或 SCHRUTE PA，它仍将与 PARKER SC 组成特殊城市对。

我们把城市名称的前两个字符和该城市的州作为组合。例如，SCRANTON PA 的组合是 SCPA，PARKER SC 的组合是 PASC。

不必逐一搜索特殊城市对。让我们试试下面的方法。

有两个城市的组合是 MAMI。它们是 MANISTEE MI 和 MADISON MI，但我们所关心的是它们有 2 个。MAMI 的城市以 MA 开头，位于 MI 州。为了计算涉及 MAMI 城市的特殊配对，我们需要知道以 MI 开头、位于 MA 州的城市。也就是说，我们需要知道 MIMA 城市的数量。MIMA 城市有 3 个，它们是 MIDDLEBOROUGH MA、MILFORD MA 和 MIDDLETON MA，但我们所关心的是它们有 3 个。我们有 2 个 MAMI 城市和 3 个 MIMA 城市，它们可以构成 6 对组合，因为对于 2 个 MAMI 城市中的每一个，我们都有 3 个 MIMA 城市可供选择。如果你不相信，下面是这些组合的 6 个特殊配对：

- MANISTEE MI 和 MIDDLEBOROUGH MA；
- MANISTEE MI 和 MILFORD MA；
- MANISTEE MI 和 MIDDLETON MA；
- MADISON MI 和 MIDDLEBOROUGH MA；
- MADISON MI 和 MILFORD MA；
- MADISON MI 和 MIDDLETON MA。

如果我们能够将组合（SCPA、PASC、MAMI、MIMA 等）映射到出现的数量上，就可以遍历这些组合来找到特殊城市对的数量。字典是存储这种映射的完美工具。

下面是我们想为测试用例创建的字典：

```
{'SCPA': 1, 'MAMI': 2, 'NANH': 1, 'PASC': 1, 'LACO': 2,
 'MIMA': 3, 'COLA': 1}
```

有了这个字典，我们可以算出特殊城市对的数量。让我们来完成这个过程。

第一个键是'SCPA'，它的值是 1。要找到涉及'SCPA'的特殊城市对，我们需要查找'PASC'的值。我们将这两个值相乘，得出 $1\times1=1$ 对涉及这些组合的特殊城市。我们需要对字典中的其他每个键进行同样的处理。

下一个键是'MAMI'，它的值是 2。为了找到涉及'MAMI'的特殊城市对，我们需要查找'MIMA'的值。我们把这两个值放在一起，得出 $2\times3 = 6$ 对涉及这些组合的特殊城市。加上之前找到的 1，我们现在总共有 7 个特殊城市对。

下一个键是'NANH'，它的值是 1。为了找到涉及'NANH'的特殊城市对，我们需要查找'NHNA'的值。然而，'NHNA'并不是字典中的一个键！没有涉及这些组合的特殊城市对。我们的特殊城市对总数仍然是 7 个。

请注意，下一个键是'PASC'，它的值是 1。要找到涉及'PASC'的特殊城市对，我们需要查找'SCPA'的值。我们将这两个值相乘，得出 $1\times1 = 1$ 对涉及这些组合的特殊城市。但是，我们在处理'SCPA'这个键时已经考虑到了这一对。如果我们在这里加上 1，那么最终会重复计算这一对。事实上，通过处理每个键，我们将重复计算每一对特殊的城市。不过不用担心，当我们准备输出最终答案的时候，会做出相应调整。让我们把这个特殊城市对加进去，我们现在总共有 8 个特殊城市对。

下一个键是'LACO'，它的值是 2，'COLA'的值是 1，所以有 $2\times1 = 2$ 对涉及这些组合的特殊城市。加上之前找到的 8 个，我们现在总共有 10 个特殊城市对。

还有两个键，即'MIMA'和'COLA'。第一个键使特殊城市对的总数增加了 6，第二个键使特殊城市对的总数增加了 2。

请记住，我们已经重复计算了每一对特殊的城市。那么，我们实际上就只有 18 / 2 = 9 对特殊的城市。我们所要做的就是除以 2 来消除重复计算。

如果把刚才的字典与测试用例中的城市进行比较，你会发现字典中缺少了一个城市——WASHOUGAL WA！它的组合是 WAWA，但在我们的字典里没有'WAWA'这个键。我们没有对这个城市进行核算。

WASHOUGAL WA 的前两个字符是 WA。这意味着 WASHOUGAL WA 成为一对特殊城市的唯一方法是找到另一个位于 WA 州的城市。请注意，WASHOUGAL WA 也是在 WA 州。但这个问题规定，一对特殊城市中的两个城市必须来自不同的州。因此，没有办法找到涉及 WASHOUGAL WA 的特殊城市对。为了确保我们不会意外地计入“假的”特殊城市对，我们甚至不把 WASHOUGAL WA 放入字典。

8.3.2　解决问题

我们已经准备好了！可以用字典来解决城市和州的问题，这个方法简洁明了，速度很快。代码在清单 8-7 中。

清单 8-7：解决“城市和州”问题

```
input_file = open('citystate.in', 'r')
output_file = open('citystate.out', 'w')

n = int(input_file.readline())

❶ combo_to_num = {}

for i in range(n):
    lst = input_file.readline().split()
  ❷ city = lst[0][:2]
    state = lst[1]
  ❸ if city != state:
        combo = city + state
        if not combo in combo_to_num:
            combo_to_num[combo] = 1
        else:
            combo_to_num[combo] = combo_to_num[combo] + 1

total = 0

❹ for combo in combo_to_num:
   ❺ other_combo = combo[2:] + combo[:2]
     if other_combo in combo_to_num:
       ❻ total = total + combo_to_num[combo] * combo_to_num[other_combo]

❼ output_file.write(str(total // 2) + '\n')
input_file.close()
output_file.close()
```

这是 USACO 上的问题，我们需要使用文件而不是标准输入和标准输出。

我们要建立的字典叫作 combo_to_num❶。它将 4 个字符的组合（如'SCPA'）映射到具有该组合的城市数量。

对于输入的每个城市，我们用变量来指代城市名称的前两个字符❷和它的州。如果这些值不一样❸，就把它们组合起来，并把这个组合添加到字典中。如果这个组合还没有在字典里，就把它加进去并令它的值为 1；如果它已经在字典里，就把它的值增加 1。

现在字典已经建好了。我们遍历它的键❹。对于每个键，我们构建另一个需要查找的组合，以便找到涉及这个键的特殊城市对。例如，如果键是'SCPA'，那么我们想找的其他组合是'PASC'。要做到这一点，我们取键的最右边的两个字符，然后加上最左边的两个字符❺。如果另一个组合也在字典中，那么我们就把这两个键的值相乘，然后把它加到特殊城市对的总数❻。

现在我们要做的是将特殊城市对的总数输出到输出文件中。正如 8.3.1 节所解释的，我们需要将总数除以 2❼，以消除因处理字典中每个键而产生的重复计算。

这是用字典解决问题的另一个例子。请放心地提交我们的代码！

8.4 小结

在本章中，我们学习了 Python 的集合和字典。集合是一组没有顺序、没有重复的值。字典是一组键值对。正如我们在本章的问题中看到的，有时集合比列表更合适。例如，确定值是否在集合中，与在列表上进行同样的操作相比，速度快得惊人。如果我们不关心值的顺序或者想消除重复的值，就应该认真考虑使用集合。

同样地，字典可以很容易地确定一个键所映射的值。如果我们要维护从键到值的映射，就应该认真考虑使用字典。

有了集合和字典的组合，你现在对于如何存储值有了更多的灵活性。然而，这种灵活性意味着你需要做出选择。不要再默认使用列表了！使用一种类型还是另一种类型，可能会决定问题能否解决。

我们已经达到了一个重要的里程碑，因为我们已经学习了本书想要教授的大部分 Python 知识。这并不意味着你的 Python 之旅已经完成。除了书中介绍的内容，还有很多关于 Python 的知识。但这确实意味着我们已经具有可以用来解决各种各样的问题的 Python 编程水平，无论是在参与编程竞赛，还是在其他方面。

在第 9 章中，我们将从学习新的 Python 特性切换到磨炼我们解决问题的能力上来。我们将专注于一种特殊类型的问题——可以通过搜索所有的候选方案来解决的问题。

8.5 练习

这里有一些练习供你尝试。每一个练习都需要使用集合或字典。有时，集合或字典会帮助你写出运行更快的代码；有时，它会帮助你写出更有条理、更容易阅读的代码。

1. DMOJ 上代码为 crci06p1 的问题：Bard。
2. DMOJ 上代码为 dmopc19c5p1 的问题：Conspicuous Cryptic Checklist。
3. DMOJ 上代码为 coci15c2p1 的问题：Marko。

4．DMOJ 上代码为 ccc06s2 的问题：Attack of the CipherTexts。

5．DMOJ 上代码为 dmopc19c3p1 的问题：Mode Finding。

6．DMOJ 上代码为 coci14c2p2 的问题：Utrka（请尝试用 3 种不同的方法解决这个问题：使用字典、使用集合、使用列表）。

7．DMOJ 上代码为 coci17c2p2 的问题：ZigZag（提示：需要维护两个字典，第一个将每个起始字母映射到它的单词列表，第二个将每个起始字母映射到它的下一个将输出的单词的索引。这样，我们就可以遍历每个字母对应的单词，而不必明确地更新出现的次数或修改列表）。

8.6 备注

“电子邮件地址”问题来自 2019 年安大略教育计算机组织的编程比赛第二轮。“常见单词”问题来自 1999 年的加拿大计算机奥林匹克竞赛。“城市和州”问题来自 USACO 2016 年 12 月的银牌赛。

如果你想了解更多关于 Python 的知识，我推荐 Eric Matthes 的《Python 编程：从入门到实践》。当你准备好更上一层楼时，可能想读一读 Brett Slatkin 的 *Effective Python*，它提供了一个技巧集合，帮助你写出更好的 Python 代码。

第9章

用完全搜索设计算法

算法是解决问题的一系列步骤。对于本书中的每一个问题，我们均以Python代码的形式写一个算法，从而解决它。本章将重点讨论设计算法。在面对新问题时，有时很难知道该怎么做才能解决它。我们应该写什么算法？幸运的是，我们不需要每次都从头开始。计算机科学家和程序员已经确定了几种一般类型的算法，而且很可能至少有一种算法可以用来解决我们的问题。

有一种类型的算法称为完全搜索算法。它会尝试所有的候选解决方案，并选择最好的一个。例如，如果问题要求找到最大值，我们就尝试所有的解决方案并选择最大的；如果问题要求找到最小值，我们就尝试所有的解决方案并选择最小的。完全搜索算法也被称为蛮力算法，但我将避免使用这个术语。诚然，计算机正在努力检查一个又一个的解决方案，但作为算法设计者，我们所做的事情没有使用任何蛮力。

我们在第5章用完全搜索算法解决了"村庄邻域"问题。我们需要找到最小邻域的大小，通过查看每个邻域并记住最小邻域的大小来解决问题。本章将使用完全搜索算法来解决其他问题。我们将看到，要确定到底要搜索什么，可能需要相当大的智慧。

我们将用完全搜索算法解决两个问题：确定解雇哪名救生员和确定满足滑雪训练营要求的最低成本。然后我们再看第三个问题，即计算符合给定观察条件的奶牛的三元组，这需要我们走得更远。

9.1 问题21：救生员

在这个问题中，我们需要确定解雇哪个救生员，使游泳池有最大的时间表覆盖。我们将尝试分别解雇每个人，并观察结果。这是一个完全搜索算法！

这是USACO 2018年1月的铜牌赛问题Lifeguards（救生员）。

挑战

农场主约翰为他的奶牛购买了一个游泳池。游泳池从时刻0到时刻1000都是开放的。

农场主约翰雇了n名救生员来监视游泳池。每名救生员在给定的时间间隔内监视游泳池。例如，一名救生员可能在时刻2开始，在时刻7结束监视游泳池。我把这个时间间隔表示为2～7。一个时间间隔所覆盖的时间单位的数量是结束时间减去开始时间。例如，时间间隔为 2～7 的救生员覆盖 7–2 = 5 个时间单位，即时刻从 2 到 3、从 3 到 4、从 4 到 5、从 5 到 6，以及从 6 到 7。

不幸的是，农场主约翰的钱只够支付(*n*–1)名救生员，而不是 *n* 名救生员，所以他必须解雇一名救生员。

请确定解雇一名救生员后仍能覆盖的最大时间单位。

输入

从名为 lifeguards.in 的文件中读取输入。

输入由以下几行组成。

- 一行包含 *n*，即被雇用的救生员的数量。
- *n* 行，每名救生员一行。每行给出该救生员的开始时间，一个空格，以及该救生员的结束时间。开始时间和结束时间都在 0～1000，而且都是不同的。

输出

(*n*–1)名救生员所能覆盖的最大时间单位，需写入名为 lifeguards.out 的文件。

解决每个测试用例的时间限制是 4 秒。

9.1.1　探索一个测试用例

我们来探讨一个测试用例，以说明为什么完全搜索算法对这个问题有意义。这里是测试用例：

```
4
5 8
10 15
17 25
9 20
```

你可以尝试用一个简单的规则来解决这个问题，就是解雇时间间隔最短的救生员。这有一些直观的意义，因为看起来这个救生员对覆盖泳池的贡献最小。

这个规则是否给出了一个正确算法？我们来看看。它告诉我们要解雇时间间隔为 5～8 的救生员，因为该救生员的时间间隔最短。这样我们就只剩下时间间隔为 10～15、17～25 和 9～20 的 3 名救生员。剩下的这 3 名救生员正好覆盖了 9～25 的时间间隔，即由 25–9 = 16 个单位的时间组成。16 是正确的答案吗？

不幸的是，不对。事实证明，我们应该做的是解雇时间间隔为 10～15 的救生员。如果我们这样做，就只剩下时间间隔为 5～8、17～25 和 9～20 的 3 名救生员。剩下的这 3 名救生员负责 5～8 和 9～25 的时间间隔（注意：不包括 8～9）。其中，第一个时间间隔包括 8–5 = 3 个时间单位，第二个时间间隔包括 25–9 = 16 个时间单位，总共有 19 个时间单位。

正确答案是 19，而不是 16。解雇时间间隔最短的救生员并不对。

想出一个简单且万能的规则并不容易。不过，不需要担心，有了完全搜索算法，就可以回避这个要求。

下面是完全搜索算法解决该测试用例的过程。

首先，它忽略第一名救生员，并确定其余 3 名救生员所覆盖的时间单位，得到答案 16。它记住 16，将其作为要战胜的分数。

其次，它忽略第二名救生员，并确定其余 3 名救生员所覆盖的时间单位，得到答案 19。由于 19 比 16 大，它记住 19，将其作为要战胜的分数。

接下来，它忽略第三名救生员，并确定其余 3 名救生员所覆盖的时间单位，得到答案 14。要战胜的分数仍然是 19。

最后，它将忽略第四名救生员，并确定其余 3 名救生员所覆盖的时间单位，得到答案 16。要战胜的分数仍然是 19。

在考虑了解雇每名救生员的后果后，该算法得出结论：19 是正确答案，没有比 19 更好的答案了，因为我们试过了所有的选项！我们对可能发生的情况进行了完全搜索。

9.1.2　解决问题

要使用完全搜索算法，首先要编写函数来解决某个特定的候选方案的问题，然后针对候选方案多次调用该函数。

解雇一名救生员

我们编写函数以确定当特定的救生员被解雇后其余救生员所覆盖的时间单位的数量。清单 9-1 展示了它的代码。

清单 9-1：解决某名救生员被解雇时的问题

```
def num_covered(intervals, fired):
    """
    intervals is a list of lifeguard intervals;
    each interval is a [start, end] list.
    fired is the index of the lifeguard to fire.

    Return the number of time units covered by all lifeguards
    except the one fired.
    """
❶   covered = set()
    for i in range(len(intervals)):
        if i != fired:
            interval = intervals[i]
          ❷ for j in range(interval[0], interval[1]):
              ❸ covered.add(j)
    return len(covered)
```

第一个参数是一名救生员时间间隔的列表，第二个参数是要解雇的救生员的索引。在 Python Shell 中输入以上代码。下面是该函数的两个调用示例：

```
>>> num_covered([[5, 8], [10, 15], [9, 20], [17, 25]], 0)
16
>>> num_covered([[5, 8], [10, 15], [9, 20], [17, 25]], 1)
19
```

这些调用证实，如果解雇救生员 0，可以覆盖 16 个单位的时间，如果解雇救生员 1，可以覆盖 19 个单位的时间。

现在来了解一下这个函数是如何工作的。首先创建一个集合，用来保存被覆盖的时间单位❶。每当一个时间单位被覆盖，代码将把这个时间单位的起始点添加到这个集合中。例如，如果 0～1 的时间单位被覆盖，那么代码将 0 加到这个集合中；如果 4～5 的时间单位被覆盖，那么代码将 4 加到这个集合中。

我们遍历救生员的时间间隔。如果一名救生员没有被解雇，就遍历他的时间间隔❷，考虑每个被覆盖的时间单位。我们把这些时间单位都加入集合❸，就像承诺的那样。

回顾一下，集合不会保留重复的值；如果我们试图多次添加同一个时间单位，也不必担心。我们已经遍历了所有未被解雇的救生员，并将所有被覆盖的时间单位添加到集合中。因此，只需返回集合中的值的数量。

主程序

程序的主要部分在清单 9-2 中。它使用 num_covered 函数来确定分别解雇每名救生员时所覆盖的时间单位。请务必在这段代码之前输入 num_covered 函数（清单 9-1），以获得问题的完整解决方案。

清单 9-2：主程序

```
input_file = open('lifeguards.in', 'r')
output_file = open('lifeguards.out', 'w')

n = int(input_file.readline())

intervals = []

for i in range(n):
❶   interval = input_file.readline().split()
    interval[0] = int(interval[0])
    interval[1] = int(interval[1])
    intervals.append(interval)

max_covered = 0

❷ for fired in range(n):
❸   result = num_covered(intervals, fired)
    if result > max_covered:
        max_covered = result

output_file.write(str(max_covered) + '\n')
input_file.close()
out_file.close()
```

我们在这里读写文件，而不使用标准输入和标准输出。

这个程序首先读取救生员的数量，然后使用带范围的 for 循环来读取每名救生员的时间间隔。我们从输入中读取每个时间间隔❶，将其每个组成部分转换为整数，并作为包含两个值的列表追加到间隔列表中。

用 max_covered 变量来跟踪可以覆盖的最大时间单位的数量。

现在用带范围的 for 循环来分别解雇每名救生员❷。我们调用 num_covered❸来确定在解雇一名救生员后所覆盖的时间单位的数量。每当目前的情况能够覆盖更多的时间单位，就更新 max_covered。

这个循环完成时，我们检查了解雇每名救生员时所能覆盖的时间单位的数量，并记住了最大值。输出这个最大值，就解决了这个问题。

请放心将代码提交给 USACO 评测网站。对于 Python 代码，这个评测网站使用每个测试用例的时间限制为 4 秒，但我们的解决方案耗时应该远低于这个限制。例如，我刚刚运行了这里的代码，每个测试用例的完成时间不超过 130 毫秒。

程序的效率

我们的代码之所以这么快，是因为救生员太少了，最多只有 100 人。程序如果有大量的救生员，那么我们的代码将不再在时间限制内解决问题。如果有几百名救生员，程序很好。如果有多达 3000 或 4000 名救生员，程序可能会勉强通过。不过，再多的话，程序就太慢了。例如，如果有 5000 名救生员，程序可能无法及时完成。我们需要设计一种新算法，可能是比完全搜索更快的算法。

你可能会认为 5000 名救生员是一个巨大的数量，我们的算法不能处理那么大的数量也没关系。然而，事实并非如此！回想一下第 8 章中的“电子邮件地址”问题。在那里，我们不得不面对多达 10 万个电子邮件地址。再回想一下第 8 章中的“城市和州”问题。在那里，我们不得不面对多达 20 万个城市。相比之下，5000 名救生员并不算多。

完全搜索解决方案面对少量的输入通常能正常工作。大型的测试用例往往会导致完全搜索解决方案崩溃。

“救生员”问题的完全搜索解决方案在大型测试用例中不能很好地工作，是因为它做了大量的重复工作。想象一下，我们正在解决有 5000 名救生员的测试用例。我们将解雇救生员 0，并调用 num_covered 来确定其余救生员所覆盖的时间单位。然后，我们将解雇救生员 1 并再次调用 num_covered。现在，num_covered 这次所做的事情与它在上一次被调用时所做的类似。毕竟，事情并没有什么变化。唯一的变化是，0 号救生员回来了，1 号救生员被解雇了。其他 4998 名救生员还是和以前一样！但 num_covered 不知道这一点。它又把所有的救生员遍历一遍。当我们解雇 2 号救生员时，同样的事情发生了，然后是 3 号救生员，以此类推。每一次，num_covered 都会从头开始做所有的工作，而不会了解它之前所做的任何事情。

请记住，完全搜索算法虽然有用，但也有局限性。对于我们想要解决的新问题，完全搜索算法是有用的起点，即使它最终被证明效率太低。设计该算法的行为也许会加深我们对问题的理解，并激发解决该问题的新灵感。

在 9.2 节中，我们将看到另一个能够使用完全搜索算法解决的问题。

概念检查

以下版本的 num_covered 正确吗？

```
def num_covered(intervals, fired):
    """
    intervals is a list of lifeguard intervals;
    each interval is a [start, end] list.
    fired is the index of the lifeguard to fire.

    Return the number of time units covered by all lifeguards
    except the one fired.
    """
    covered = set()
    intervals.pop(fired)
    for interval in intervals:
        for j in range(interval[0], interval[1]):
            covered.add(j)
    return len(covered)
```

A. 正确

B. 不正确

答案：B。这个函数将解雇的救生员从救生员的列表中删除。这是不允许的，因为文档字符串中并没有提到这个函数会修改列表。使用这个版本的函数，我们的程序会在许多测试用例中失败，因为救生员的信息会随着时间的推移而丢失。例如，当我们测试解雇救生员 0 时，救生员 0 被从列表中删除。当我们后来测试解雇救生员 1 时，救生员 1 被从列表中删除了，但不幸的是，救生员 0 仍然没有出现！如果想使用该函数的一个版本将被解雇的救生员从列表中删除，则需要使用该列表的副本，而不是原始列表。

9.2　问题 22：滑雪场

有时，问题描述清楚地表明在完全搜索解决方案中应该搜索什么。例如，在“救生员”问题中，我们需要解雇一名救生员，所以尝试解雇每一名救生员是有意义的。其他时候，要有更多的创意才能确定搜索的内容。

在阅读下一个问题时，想想你会在完全搜索方案中搜索什么。

这是 USACO 2014 年 1 月的铜牌竞赛问题 Ski Course Design（滑雪场设计）。

挑战

农场主约翰的农场里有 n 个山丘，每个山丘的高度取值范围为 0～100。他想把农场注册为滑雪训练营。

只有当最高和最低的山丘之间的高度差为 17 或更少时，农场才能注册为滑雪训练营。因此，农场主约翰可能需要增加一些山丘的高度，减少另一些山丘的高度。改变的高度只能是整数值。

将一个山丘的高度改变 x 个单位需要花费 x^2 个单位的成本。例如，将山丘的高度值从 1 改为 4，需要的成本是$(4-1)^2=9$。

请确定农场主约翰为改变山丘高度所需花费的最低成本，以便他能将他的农场注册为滑雪训练营。

输入

从名为 skidesign.in 的文件中读取输入。

输入由以下几行组成。

- 一行，包含整数 n，即农场上的山丘数量。n 的取值范围为1～1000。
- n 行，每行给出一个山丘的高度值。每个高度都是取值范围为0～100的整数。

输出

农场主约翰为改变山丘的高度所需支付的最低金额，需写入名为 skidesign.out 的文件。

解决每个测试用例的时间限制是4秒。

9.2.1 探索一个测试用例

我们看看，是否可以将我们从“救生员”问题中学到的东西应用于这个问题。为了解决“救生员”问题，我们分别解雇了每个救生员，以找出应该解雇的救生员。为了解决滑雪场的问题，也许我们可以对每个山丘做一些类似的事情？例如，也许我们可以把每个山丘的高度作为允许高度范围的最小值？

我们可以用下面的测试用例来试一试：

```
4
23
40
16
2
```

这4个山丘的最小高度是2，最大高度是40。40和2之间的差距是38，大于17。农场主约翰要花钱来修这些山头了！

第一个山丘的高度是23。如果我们把23作为范围的最小值，那么其最大值就是 $23 + 17 = 40$。我们需要计算将所有的山丘高度纳入23～40的范围所需的成本。有两个山丘不在这个范围内，即高度为16和2的山丘。将它们的高度提高到23所需的成本是 $(23-16)^2+(23-2)^2=490$。490就是目前的最低成本。

第二个山丘是高度40。这个范围的最大值是 $40 + 17 = 57$，所以我们要让所有的山丘高度纳入40～57的范围。其他3个山丘都不在这个范围内，所以每个山丘都会对总成本产生影响。这个总数是 $(40-23)^2+(40-16)^2+(40-2)^2=2309$。这个数字大于490（目前的最低成本），所以490仍然是目前的最低成本。请记住，在这个问题中，我们试图使农场主约翰的成本最小化，而在“救生员”问题中，我们试图使覆盖时间最大化。

第三个山丘的高度是16，这使得允许的高度范围是16～33。有两个山丘不在这个范围内，即高度为40和2的山丘。因此，这个范围对应的成本是 $(40-33)^2+(16-2)^2=245$。新的最低成本是245！

第四个山丘的高度是 2，这使得允许的高度范围是 2～19。如果你计算这个范围对应的成本，应该得到 457。

我们使用该算法得到的最小成本是 245。245 就是答案吗？我们完成了吗？

不！事实证明，最小成本是 221。有两个高度范围可以使我们恰好花费这个最小成本：12～29 和 13～30。但一开始不存在高度为 12 或 13 的山丘。因此，我们不能用山丘的高度作为范围的最小值。

想一想正确的、保证不遗漏任何范围的完全搜索算法会是什么样子。

这里有一个保证得到正确答案的计划。我们首先计算 0～17 范围的成本，然后计算 1～18，然后依次是 2～19、3～20、4～21……逐一测试每一个可能的范围，并记住获得的最小成本。我们测试的范围与一开始山丘的高度没有关系。既然测试了每一个可能的范围，就不可能找不到最佳的范围。

应该测试哪些范围？我们应该达到多高的山丘高度？我们应该测试 50～67 这个范围吗？应该。71～88 呢？也应该测试。115～132 的范围如何？不！这个范围不应该测试。

我们要检查的最后一个范围是 100～117。在问题描述中，保证所有山丘的高度最多只有 100。

假设我们计算出了 101～118 范围对应的成本。我们甚至不知道山丘的高度，就可以肯定没有山丘在这个范围内。毕竟，山丘的最大高度是 100，而我们的高度范围是从 101 开始的。现在把高度范围从 101～118 移动到 100～117。这个 100～117 的高度范围对应的成本一定比 101～118 的高度范围对应的成本更少！这是因为 100 比 101 更接近那些山丘。例如，考虑一个高度为 80 的山丘。将这个山丘的高度提升到 101，需要 21^2=441 的成本，但提升到 100 的高度，只需要 20^2=400 的成本。这表明 101～118 不可能是最佳高度范围。没有必要尝试。

类似的逻辑解释了为什么尝试任何更高的高度范围（如 102～119、103～120，等等）都是毫无意义的。我们总是可以把高度降下来，使其对应的成本降低。

综上所述，我们正好要测试 101 个范围，即 0～17、1～18、2～19……直到 100～117。我们时刻会记住当前的最低成本。我们开始吧！

9.2.2　解决问题

我们分两步来解决这个问题，就像在解决“救生员”问题时一样。先用一个函数来确定单个高度范围对应的成本，然后编写主程序，针对每个范围调用这个函数一次。

确定一个范围的成本

清单 9-3 给出了确定给定范围成本的函数的代码。

清单 9-3：解决一个特定范围的问题

```
MAX_DIFFERENCE = 17
MAX_HEIGHT = 100
```

```
def cost_for_range(heights, low, high):
    """
    heights is a list of hill heights.
    low is an integer giving the low end of the range.
    high is an integer giving the high end of a range.

    Return the cost of changing all heights of hills to be
    between low and high.
    """
    cost = 0
❶  for height in heights:
    ❷ if height < low:
        ❸ cost = cost + (low - height) ** 2
    ❹ elif height > high:
        ❺ cost = cost + (height - high) ** 2
return cost
```

我加入了两个常数（以后会用到）：MAX_DIFFERENCE 记录了最高山丘和最低山丘的高度之间允许的最大差异。MAX_HEIGHT 记录了山丘的最大高度。

现在我们来看看 cost_for_range 函数。它接收一个山丘高度的列表和一个由最小值和最大值端指定的范围。它返回改变山丘高度以使所有山丘高度都在所需范围内的成本。我鼓励你在 Python Shell 中输入该函数的代码，这样就可以在继续之前先试用它。

该函数遍历山丘的高度❶，并统计将全部山丘纳入期望范围所需的成本。我们需要对两种情况进行计算。当前山丘的高度可能小于 low，从而超出了范围❷。表达式 low - height 给出了需要为这个山丘添加的高度。我们将这个结果取平方，得到当前山丘所需的成本❸。当前山丘的高度也可能大于 high，从而超出范围❹。表达式 height - high 给出了需要从这个山丘上减去的高度。我们将这个结果取平方，得到当前山丘所需的成本❺。注意，如果山丘高度已经在范围内，就不做任何事情。一旦遍历了所有的高度，就返回总成本。

主程序

程序的主要部分在清单 9-4 中。它使用 cost_for_range 函数来确定每个范围的成本。请确保在这段代码之前输入 cost_for_range 函数（清单 9-3）以获得问题的完整解决方案。

清单 9-4：主程序

```
input_file = open('skidesign.in', 'r')
output_file = open('skidesign.out', 'w')

n = int(input_file.readline())

heights = []

for i in range(n):
    heights.append(int(input_file.readline()))

❶ min_cost = cost_for_range(heights, 0, MAX_DIFFERENCE)

❷ for low in range(1, MAX_HEIGHT + 1):
    result = cost_for_range(heights, low, low + MAX_DIFFERENCE)
    if result < min_cost:
        min_cost = result
output_file.write(str(min_cost) + '\n')
```

9

```
input_file.close()
output_file.close()
```

首先读取山丘的数量，然后将每个高度读入 heights 列表。

用 min_cost 变量来记住当前的最小成本。我们把 min_cost 设为范围 0～17 的成本❶，然后在一个带范围的 for 循环中❷尝试其他每个范围的成本。每次找到较小的成本都更新 min_cost。完成这个循环后，输出我们找到的最小成本。

现在是将代码提交给评测网站的时候了。我们的完全搜索方案应该能在规定的时间内解决这个问题。

在下一个问题中，我们将看到一个让完全搜索解决方案不够有效的例子。

概念检查

下面是对清单 9-4 中的代码的一个修改建议。将这一行

```
for low in range(1, MAX_HEIGHT + 1):
```

修改为

```
for low in range(1, MAX_HEIGHT - MAX_DIFFERENCE + 1):
```

代码还正确吗？

A. 正确

B. 不正确

答案：A。现在代码检查的最后一个范围是 83 ~ 100，所以必须论证我们不再检查的范围（84 ~ 101，85 ~ 102，等等）都不重要。

考虑一下 84 ~ 101 这个范围。如果我们能论证范围 83 ~ 100 至少和范围 84 ~ 101 一样好，就没有理由检查范围 84 ~ 101。

范围 84 ~ 101 包括高度 101。然而，这是毫无意义的：最高山丘的高度是 100，所以高度 101 甚至可能不存在。我们可以去掉 101 而不使成本增高。我们如果去掉它，就只剩下 84 ~ 100 这个范围。但是 84 ~ 100 的范围中的最大高度差异只有 16，而我们允许有 17 的差异。所以可以把范围向左扩展 1，变为 83 ~ 100。当然，像这样扩大范围不会使成本增高，甚至可能使成本降低，因为这个范围现在距任何高度为 83 或更低的山丘都更近一个单位。

我们证明了范围 84 ~ 101 可以被 83 ~ 100 替代。我们可以对范围 85 ~ 102、86 ~ 103 等做同样的论证。超过 83 ~ 100 就没有意义了！

在继续之前，你可能想尝试解决本章的练习 1 和练习 2。

9.3　问题 23：奶牛棒球

在本章的最后，我选择的问题需要我们提高算法设计能力，超越完全搜索。当你阅读这个

问题时，会注意到没有那么多的输入。这通常预示着完全搜索算法会有效。然而，这次不是，因为这种算法必须通过输入做大量的搜索。困难的根本原因是有太多的嵌套循环。为什么嵌套循环会在这里带来麻烦？我们能做什么？请继续阅读！

这是 USACO 2013 年 12 月的铜牌赛问题 Cow Baseball（奶牛棒球）。

挑战

农场主约翰有 n 头神奇的、懂得抛接棒球的奶牛。它们站成一排，各自站在以整数表示的位置，正在开心地抛着棒球。

农场主约翰正在观察这些有趣的事情。他观察到，奶牛 x 把球抛给它右边的奶牛 y，然后奶牛 y 又把球抛给它右边的奶牛 z。第二次抛球的距离至少是第一次抛球的距离，最多是第一次抛球距离的两倍（例如，如果第一次投掷的距离是 5，那么第二次投掷的距离至少是 5，最多是 10）。

请确定满足农场主约翰的观察结果的奶牛三元组(x, y, z)数量。

输入

从名为 baseball.in 的文件中读取输入。

输入由以下几行组成。

- 一行，包含 n，即奶牛的数量。n 的取值范围为 1～1000。
- n 行，每行给出一头奶牛的位置。位置不会重复，取值范围为 1～100000000。

输出

满足农场主约翰观察结果的奶牛三元组数量，需写入名为 baseball.out 的文件。

解决每个测试用例的时间限制是 4 秒。

9.3.1 3 层循环

我们可以嵌套 3 层循环来考虑所有可能的三元组。我们先看一下代码，再讨论其效率。

代码

在 3.1.3 小节中，我们知道可以用两层循环来遍历所有的值对。像下面这样：

```
>>> lst = [1, 9]
>>> for num1 in lst:
...     for num2 in lst:
...         print(num1, num2)
...
1 1
1 9
9 1
9 9
```

我们同样可以使用 3 层循环来遍历所有三元组，像这样：

```
>>> for num1 in lst:
...     for num2 in lst:
...         for num3 in lst:
...             print(num1, num2, num3)
...
1 1 1
1 1 9
1 9 1
1 9 9
9 1 1
9 1 9
9 9 1
9 9 9
```

这样的 3 层循环为我们提供了解决奶牛棒球问题的起始思路。对于每个三元组，我们可以检查它是否与农场主约翰的观察结果相符。代码见清单 9-5。

清单 9-5：使用 3 个嵌套的 for 循环

```
input_file = open('baseball.in', 'r')
output_file = open('baseball.out', 'w')

n = int(input_file.readline())

positions = []

for i in range(n):
 ❶ positions.append(int(input_file.readline()))

total = 0

❷ for position1 in positions:
  ❸ for position2 in positions:
        first_two_diff = position2 - position1
      ❹ if first_two_diff > 0:
            low = position2 + first_two_diff
            high = position2 + first_two_diff * 2

          ❺ for position3 in positions:
                if position3 >= low and position3 <= high:
                    total = total + 1

output_file.write(str(total) + '\n')

input_file.close()
output_file.close()
```

我们将所有的奶牛位置读入 `positions` 列表❶，然后用 for 循环❷遍历该列表中的所有位置。对于每个位置，我们用嵌套的 for 循环遍历列表中的所有位置❸。此时，`position1` 和 `position2` 指的是列表中的两个位置。我们将会需要嵌套第三层循环，但目前还不急。我们需要先计算 `position1` 与 `position2` 之间的差异，因为这告诉我们 `position3` 的范围。

根据问题描述，要求 `position2` 在 `position1` 的右边。如果是这样❹，那么我们就计算出 `position3` 的范围，并分别用 `low` 和 `high` 来存储该范围的最小值和最大值。例如，如果

position1 是 1，position2 是 6，那么我们将计算出 low 值为 6 + 5 = 11、high 值为 6 + 5×2 = 16。然后，我们用第三层 for 循环❺遍历列表，寻找介于 low 与 high 之间的位置。对于每一个这样的 position3，我们将总数增加 1。

在这 3 层循环之后，我们已经计算出了三元组的总数。最后，将这个数字输出到文件。

在一个小的测试用例上试试该程序，以确保没有什么奇怪的事情发生：

```
7
16
14
23
18
1
6
11
```

这个测试用例的正确答案是 11。这 11 个满足要求的三元组为：(14, 16, 18)、(14, 18, 23)、(1, 6, 16)、(1, 6, 14)、(1, 6, 11)、(1, 11, 23)、(6, 14, 23)、(6, 11, 16)、(6, 11, 18)、(11, 16, 23)、(11, 14, 18)。

好消息是，程序在这个测试用例中输出了 11！这是因为它最终找到了每一个满足要求的三元组。例如，在某个时刻，position1 是 14，position2 是 16，position3 是 18。这个三元组满足了距离要求，所以程序将它计入总数。不要担心以后会发生什么，当 position1 是 18、position2 是 16、position3 是 14 时，我们不想计算这个三元组，因为它代表了奶牛抛棒球的方向并不是向右。不过我们没出错：程序中的 if 语句阻止了这类三元组的计算。if 语句也让我们不必计算多个位置相等的无意义三元组，例如 position1、position2 和 position3 都是 16 的情况。

程序是正确的。然而，如果你把它提交给评测网站就会发现，它的效率还不够高。对于这个问题，以及许多竞赛编程问题，最初的几个测试用例都很小，只有几头奶牛、几名救生员、几个山丘。我们的程序应该能够及时解决这些问题。其余的测试用例越来越接近题目要求的极限。我们的程序不能及时解决这些问题，它太慢了。

程序的效率

为了理解程序为什么这么慢，我们可以考虑一下它必须遍历的三元组的数量。回想一下我们刚刚研究的测试用例，其中有 7 头奶牛。程序要检查多少个三元组？好吧，对于第一头奶牛，有 7 个选择，如 16、14、23 等。第二头奶牛也有 7 个选择，第三头奶牛也有 7 个选择。将这些相乘，我们可以看到，程序检查了 7×7×7 = 343 个三元组。

如果有 8 头奶牛而不是 7 头呢？那么程序将检查 8×8×8 = 512 个三元组。

我们可以给出一个三元组数量的表达式，对任何数量的奶牛都适用。我们用 n 来表示奶牛的数量；它可以是 7、8、50、1000 等，这取决于测试用例。那么我们可以说，程序检查的三元组数量是 $n \times n \times n$，即 n 的立方。

我们可以用任何数量的奶牛来代替 n，确定要检查的三元组数量。例如，我们可以验证 7 头奶牛的三元组数量是 $7^3=343$、8 头奶牛的三元组数量是 $8^3=512$。这些数字（343 和 512）是很小的。任何现代计算机检查这些三元组，花费的时间都不超过几毫秒。作为一个保守的指导意见，你可以认为 Python 程序每秒可以检查 500 万个元素，或做大约 500 万件事情。这个问题的时间限制是每个测试用例 4 秒，所以我们将能够检查大约 2000 万个三元组。

让我们用更大的数字代替 *n*，看看会发生什么。对于 50 头奶牛，我们有 50^3=125000 个三元组。没什么大不了：检查 125000 个三元组对今天的计算机来说是很容易的。对于 100 头奶牛，我们有 100^3=1000000 个三元组。同样，没有问题。我们可以在不到 1 秒的时间内检查它们。对于 200 头奶牛，我们有 200^3=8000000 个三元组，在 4 秒内检查完毕仍然没问题，但我想你开始有点担心了。这里的三元组数量上升得非常快，而我们还只有 200 头奶牛。记住，我们的程序需要支持 1000 头奶牛。

对于 400 头奶牛，有 400^3=64000000 个三元组。这对我们来说太多，在 4 秒内无法处理。让我们直接试试 1000 头奶牛，这是题目要求的最大数量。对于 1000 头奶牛，有 1000^3=1000000000 个三元组。不行，我们不可能在 4 秒内检查出这么多的三元组。我们需要让程序更有效率。

9.3.2　先排序

排序在这里很有帮助。让我们看看如何使用排序，然后讨论解决方案的效率。

代码

奶牛的位置可以以任何顺序出现——问题描述中没有保证它们是按顺序的。不幸的是，这会导致我们的程序要检查许多不满足要求的三元组。例如，检查 18、16、14 这个三元组是毫无意义的，因为这些数字不是按递增顺序排列的。如果我们一开始就对奶牛的位置排序，就可以避免检查这些不需检查的三元组。

排序还有一个好处。假设 `position1` 指的是某个奶牛的位置，而 `position2` 指的是另一个位置。对于这对位置，我们知道我们所关心的最小的 `position3` 和最大的 `position3` 的值。我们可以利用位置被排序这一条件，减少要针对这个范围检查的值的数量。在继续之前，请想一想为什么会是这样。怎样才能利用“位置已排序”这一条件来减少检查的工作量？

如果你准备好了，请看清单 9-6，这次我们进行了排序。

清单 9-6：使用排序

```
input_file = open('baseball.in', 'r')
output_file = open('baseball.out', 'w')

n = int(input_file.readline())

positions = []

for i in range(n):
    positions.append(int(input_file.readline()))

❶ positions.sort()

total = 0
```

```
❷ for i in range(n):
    ❸ for j in range(i + 1, n):
        first_two_diff = positions[j] - positions[i]
        low = positions[j] + first_two_diff
        high = positions[j] + first_two_diff * 2

        left = j + 1
      ❹ while left < n and positions[left] < low:
            left = left + 1

        right = left
      ❺ while right < n and positions[right] <= high:
            right = right + 1

      ❻ total = total + right - left

output_file.write(str(total) + '\n')

input_file.close()
output_file.close()
```

在开始寻找三元组之前，我们对位置排序❶。

我们的第一个循环使用循环变量 `i` 遍历所有位置❷。这里使用了带范围的 for 循环，这样就可以跟踪我们在哪个索引上。这很有用，因为我们可以使用 `i + 1` 作为第二个循环的起始索引❸。现在，第二个循环永远不会在第一个位置的左边的位置上浪费时间。

接下来我们计算第三个位置的数值范围。

与其每次找到合适的第三个位置时都将 `total` 增加 1，不如找到合适位置的左右边界，然后一次性增加 `total`。只有位置列表排好序，我们才能这样做。用 while 循环找到两个边界。第一个 while 循环可以找到左边界❹，只要位置小于 `low`，它就会一直进行下去。当它完成后，`left` 就是大于等于 `low` 的最左边位置的索引。第二个 while 循环可以找到右边界❺，只要位置小于等于 `high`，它就一直进行下去。当它完成后，`right` 就是大于 `high` 的最左边位置的索引。从 `left` 到 `right` 的每一个位置都可以作为三元组中的第三个位置，这个三元组包含索引 `i` 和 `j` 的位置。我们将 `right - left` 加入 `total`，从而统计这些位置❻。

这个程序中的两个 while 循环是相当棘手的。让我们通过一个例子来确保我们清楚地知道它们在做什么。我们将使用下面的位置列表。它们与之前使用的位置相同，只是进行了排序：

```
[1, 6, 11, 14, 16, 18, 23]
```

假设 `i` 是 1、`j` 是 2，那么预期三元组的两个位置是 6 和 11。因此，对于第三个位置，我们要寻找大于等于 16 且小于等于 21 的位置。第一个 while 循环将 `left` 设置为 4，即大于等于 16 的最左边的索引。第二个 while 循环将 `right` 设置为 6，即大于 21 的最左边的索引。用 `right` 减去 `left`，得到 6–4 = 2，这意味着有两个三元组包含位置 6 和 11。在继续之前，我鼓励你独立证明，这些 while 循环在“特殊”情况下也工作得很好，如没有合适的第三个位置，或者合适的第三个位置只有一个。

我们取得了很大的进展。这里的代码当然比清单 9-5 更有效率。然而，它仍然不够高效。如果你将它提交给评测网站，会发现它并没有让我们走得比上次远许多，它仍然在一些测试用例中超时。

程序的效率

该程序的问题是，找到第三个位置仍然需要很长的时间。那些 while 循环仍然有一些低效。我可以用一个新的位置列表来证明这一点，即从 1 到 32 的位置。

```
[1, 2, 3, 4, 5, 6, 7, 8, 9, 10, 11, 12, 13, 14, 15, 16,
 17, 18, 19, 20, 21, 22, 23, 24, 25, 26, 27, 28, 29, 30, 31, 32]
```

让我们关注 `i` 为 0、`j` 为 7 的情况，这对应位置 1 和 8。对于第三个位置，我们要寻找大于等于 15 且小于等于 22 的位置。为了找到 15，第一轮循环向右扫描，一次扫描一个位置。它先扫描 9，然后依次扫描 10、11、12、13、14、15。第二轮循环继续做同样大量的扫描，一次一个位置，直到找到 23。

两个 while 循环实现的都是所谓的线性搜索。线性搜索是一种在集合中一次搜索一个值的技术。扫描所有值是一项艰巨的工作！还有许多其他的 `i` 和 `j` 会导致类似的工作量。例如，试着追踪 `i` 是 0、`j` 是 8，或者 `i` 是 1、`j` 是 11 的情况，看看会发生什么。

怎样才能在此基础上改进代码？怎样才能避免扫描大段列表，快速找到合适的 `left` 和 `right`？

假设我给你一本书，里面有 1000 个排好序的整数，每页一个。我让你找到第一个大于等于 300 的整数，你会一个一个地看这些数字吗？你会先看 1，再看 3，再看 4，再看 7 吗？你会先看 8，再看 12，再看 17 吗？不会！直接翻到书的中间会快很多。也许你会在那里找到数字 450。由于 450 大于 300，现在你知道要找的数字在当前位置之前而不是之后。你只检查了一个数字，就减少了约一半的工作！现在你可以在书的前半部分重复这个过程，在书的开头和刚才的位置之间翻开一半。你可能会在那里找到数字 200。你知道要找的数字在 200 后面的某页，即在刚刚翻开的两个位置之间的某个地方。

你可以重复这个过程，直到找到最终的结果，这不需要很长时间。这种技术（重复地将问题分成两半）被称为二分搜索。它的速度快得令人吃惊。它超越了逐个搜索的线性搜索技术。Python 有一个二分搜索函数，可以为解决“奶牛棒球”问题补上最后一笔。不过，这个函数在所谓的模块中，我们需要先讨论它们。

9.3.3　Python 中的模块

模块是独立的 Python 代码集合，通常包含一些可以调用的函数。

Python 带有各种模块，我们可以用它们来为程序增加功能。有一些模块用于处理随机数、日期和时间、统计学数据、电子邮件、网页、音频文件，以及其他内容。如果要把它们全部包括在内，需要单独写一本书。如果 Python 没有附带你需要的模块，你可以下载这些模块。

在本小节，我将重点介绍 random 模块。我们将用它来学习我们需要知道的关于模块的内容，为学习二分搜索模块做好准备。

你有没有想过，人们是如何制作包含随机事件的电脑游戏的？也许它是抽牌的游戏、掷骰子的游戏，或者敌人不可预测地产生的游戏。制作这类游戏的关键在于随机数的使用。Python 通过它的 random 模块给我们提供了生成随机数的机会。

使用模块前，我们必须导入它。一种方法是使用 import 关键字导入整个模块，像这样：

```
>>> import random
```

那里面有什么？为了找出答案，你可以使用 dir(random)：

```
>>> dir(random)
[stuff to ignore
'betavariate', 'choice', 'choices', 'expovariate',
'gammavariate', 'gauss', 'getrandbits', 'getstate',
'lognormvariate', 'normalvariate', 'paretovariate',
'randint', 'random', 'randrange', 'sample', 'seed',
'setstate', 'shuffle', 'triangular', 'uniform', '
vonmisesvariate', 'weibullvariate']
```

random 模块提供了名为 randint 的函数。我们把一个范围的最小值和最大值传给它，Python 给我们一个该范围内的随机整数（包括两个端点）。

不过我们不能像普通函数一样调用它。如果尝试调用，会得到一个错误：

```
>>> randint(2, 10)
Traceback (most recent call last):
  File "<stdin>", line 1, in <module>
NameError: name 'randint' is not defined
```

我们需要告诉 Python，randint 函数是在 random 模块中的。要做到这一点，我们在 randint 前面加上模块的名称和一个点，像这样：

```
>>> random.randint(2, 10)
7
>>> random.randint(2, 10)
10
>>> random.randint(2, 10)
6
```

要获得关于 randint 函数的帮助，你可以输入 help(random.randint)：

```
>>> help(random.randint)
Help on method randint in module random:

randint(a, b) method of random.Random instance
    Return random integer in range [a, b], including both end points.
```

random 模块中另一个有用的函数是 choice。我们传递给它一个序列，它随机返回其中的一个值：

```
>>> random.choice(['win', 'lose'])
'lose'
>>> random.choice(['win', 'lose'])
```

```
'lose'
>>> random.choice(['win', 'lose'])
'win'
```

如果我们经常使用一个模块中的少量函数，每次都要输入模块名称和点可能会很乏味。还有一种方法可以导入这些函数，让我们像其他非模块函数一样调用它们。例如导入 randint 函数：

```
>>> from random import randint
```

现在我们可以调用 randint，而不用写出前面的 random.：

```
>>> randint(2, 10)
10
```

如果需要 randint 和 choice，可以同时导入它们：

```
>>> from random import randint, choice
```

在本书中，我们不会这样做，但是我们可以创建自己的模块，其中包含我们喜欢的任何函数。例如，如果设计了一些与玩游戏有关的 Python 函数，就可以把它们全部放在一个名为 game_functions.py 的文件中，然后可以用 import game_functions 来导入该模块，再访问其中的函数。

我们在本书中编写的 Python 程序并不是为了作为模块被导入而设计的。原因是它们在开始运行时会读取输入。对于模块则不应该这样做。不同的是，模块应该在做任何事情之前等待其函数被调用。random 模块是一个行为良好的模块的例子：它只在我们要求的时候才开始提供随机的东西。

9.3.4 bisect 模块

现在我们准备试试二分搜索了。在清单 9-6 中有两个 while 循环。它们很慢，所以我们想把它们去掉。为了做到这一点，可以调用二分搜索函数来取代它们：第一个 while 循环用 bisect_left 取代，第二个 while 循环用 bisect_right 取代。

这两个函数都在 bisect 模块中。我们导入它们：

```
>>> from bisect import bisect_left, bisect_right
```

先讨论一下 bisect_left。我们通过提供一个排好序的列表（从低到高）和一个搜索值来调用它。它向我们返回列表中对应值大于等于搜索值的索引中的最小值。

如果搜索值在列表中，我们得到最左边出现的它的索引：

```
>>> bisect_left([10, 50, 80, 80, 100], 10)
0
>>> bisect_left([10, 50, 80, 80, 100], 80)
2
```

如果探索值不在列表中，我们就得到第一个比它大的值的索引：

```
>>> bisect_left([10, 50, 80, 80, 100], 15)
1
>>> bisect_left([10, 50, 80, 80, 100], 81)
4
```

特别地，如果我们的搜索值比列表中每个值都要大，函数会返回列表的长度：

```
>>> bisect_left([10, 50, 80, 80, 100], 986)
5
```

在 9.3.2 小节中的 7 个位置的列表上使用 `bisect_left`，就会找到对应值大于等于 16 的最小索引：

```
>>> positions = [1, 6, 11, 14, 16, 18, 23]
>>> bisect_left(positions, 16)
4
```

很好！这正是我们需要用来替换清单 9-6 中第一个 while 循环的函数。

为了替换第二个 while 循环，我们将使用 `bisect_right` 而不是 `bisect_left`。调用 `bisect_right` 就像调用 `bisect_left` 一样：使用一个排序的列表和一个搜索值。这次返回的是对应值大于（而不是大于等于）搜索值的索引中的最小值。

比较一下 `bisect_left` 和 `bisect_right`。对于在列表中的搜索值来说，`bisect_right` 返回的索引比 `bisect_left` 返回的索引大：

```
>>> bisect_left([10, 50, 80, 80, 100], 10)
0
>>> bisect_right([10, 50, 80, 80, 100], 10)
1
>>> bisect_left([10, 50, 80, 80, 100], 80)
2
>>> bisect_right([10, 50, 80, 80, 100], 80)
4
```

对于不在列表中的搜索值，`bisect_left` 和 `bisect_right` 返回相同的索引：

```
>>> bisect_left([10, 50, 80, 80, 100], 15)
1
>>> bisect_right([10, 50, 80, 80, 100], 15)
1
>>> bisect_left([10, 50, 80, 80, 100], 81)
4
>>> bisect_right([10, 50, 80, 80, 100], 81)
4
>>> bisect_left([10, 50, 80, 80, 100], 986)
5
>>> bisect_right([10, 50, 80, 80, 100], 986)
5
```

在 9.3.2 小节中的 7 个位置的列表上使用 `bisect_right`，就会找到对应值大于 21 的最小索引：

```
>>> positions = [1, 6, 11, 14, 16, 18, 23]
>>> bisect_right(positions, 21)
6
```

这就是我们用来替换清单 9-6 中第二个 while 循环的函数。

这些小例子很难让我们体会到二分搜索的惊人速度，是时候来真的了。我们将在一个长度为 100 万的列表中搜索 100 万次最右边的值。当你运行这段代码时，不要看向别处。你可能会错过它的运行过程：

```
>>> lst = list(range(1, 1000001))
>>> for i in range(1000000):
...     where = bisect_left(lst, 1000000)
...
```

在我的电脑上，这大约需要 1 秒。你可能想知道调用列表索引方法来代替二分搜索会发生什么。如果尝试一下，你会实实在在地等上几小时。这是因为索引像 in 操作符一样，在列表中进行线性搜索（关于这一点，请看 8.1.2 小节）。它不预设列表是排好序的，所以不能进行快速的二分搜索，必须一个接一个地检查这些值，将它们与我们要搜索的值比较。如果你有一个已排序的列表，并且想要找出其中的值，二分搜索是十分快速的。

9.3.5　解决问题

我们准备用二分搜索来解决“奶牛棒球”问题。代码见清单 9-7。

清单 9-7：使用二分搜索

```
❶ from bisect import bisect_left, bisect_right


  input_file = open('baseball.in', 'r')
  output_file = open('baseball.out', 'w')

  n = int(input_file.readline())

  positions = []

  for i in range(n):
      positions.append(int(input_file.readline()))

  positions.sort()

  total = 0

  for i in range(n):
      for j in range(i + 1, n):
          first_two_diff = positions[j] - positions[i]
          low = positions[j] + first_two_diff
          high = positions[j] + first_two_diff * 2
        ❷ left = bisect_left(positions, low)
        ❸ right = bisect_right(positions, high)
          total = total + right - left

output_file.write(str(total) + '\n')

input_file.close()
output_file.close()
```

首先，从 bisect 模块导入 bisect_left 函数和 bisect_right 函数，以便能调用它们❶。与清单 9-6 相比，我们用 bisect_left❷和 bisect_right❸代替了 while 循环。

如果你现在将代码提交给评测网站，应该能在限定的时间内通过所有测试用例。

在本节中所遵循的思路是解决困难问题所需的典型思路。我们可能从完全搜索方案开始，这个方案的逻辑是正确的，但不幸的是，它也太慢了，不能满足评测网站的时间限制。对其进行改进，就能大幅超越完全搜索，得到更精细的方法。

概念检查

假设我们从清单 9-7 开始，用 bisect_left 代替 bisect_right。也就是说，我们将

```
right = bisect_right(positions, high)
```

改为

```
right = bisect_left(positions, high)
```

该程序还能产生正确的答案吗？

A. 它总是产生正确的答案，就像以前一样

B. 它有时会产生正确的答案，有时不会。这取决于测试用例

C. 它从不产生正确的答案

答案：B。对于有一些测试用例，修改后的代码确实产生了正确的答案。例如：

```
3
2
4
9
```

正确的答案是 0，这就是我们程序产生的结果。

不过要小心，因为还有一些测试用例，修改后的代码会产生错误的答案。例如：

```
3
2
4
8
```

正确的答案是 1，但是我们的程序产生了 0。当 i 是 0、j 是 1 时，程序应该把 left 设置为 2，把 right 设置为 3。不幸的是，使用 bisect_left 导致 right 被设置为 2，因为索引 2 是对应值大于等于 8 的最小值。

鉴于这个反例，你可能会惊讶地发现，确实可以使用 bisect_left 而不是 bisect_right，但要做到这一点，需要改变在调用 bisect_left 时的搜索值。你如果很好奇，可以试一试！

9.4 小结

在本章中，我们了解了完全搜索算法，即通过搜索所有选项来找到最佳选项的算法。为了

确定应该解雇的救生员，我们尝试解雇每名救生员，并选择最佳的解决方案；为了确定修整山丘的最低成本，我们尝试所有有效的范围，并选择最佳的解决方案；为了确定奶牛的相关三元组的数量，我们检查每个三元组，并添加符合要求的三元组。

有时，完全搜索算法的效率已经足够高了。我们用完全搜索代码解决了“救生员”问题和“滑雪场”问题。然而，在其他时候，我们需要改善算法，使程序更有效率。在解决“奶牛棒球”问题时，我们用更快的二分搜索取代了完全搜索。

程序员和科学家是如何讨论效率的？怎么知道算法是否有足够的效率？能避免实现那些太慢的算法吗？第 10 章在等着你。

9.5 练习

这里有一些练习供你尝试。对于每个练习，都要使用完全搜索。如果你的解决方案不够高效，请思考如何在产生正确答案的同时使其更高效。

对于每个练习，请仔细检查问题的来源：有些来自 DMOJ 评测网站，而有些来自 USACO 评测网站。

1. USACO 2019 年 1 月铜牌竞赛的问题：Shell Game。
2. USACO 2016 年美国公开赛铜牌赛的问题：Diamond Collector。
3. DMOJ 上代码为 coci20c1p1 的问题：Patkice。
4. DMOJ 上代码为 ccc09j2 的问题：Old Fishin’ Hole。
5. DMOJ 上代码为 ecoo16r1p2 的问题：Spindie。
6. DMOJ 上代码为 cco96p2 的问题：SafeBreaker。
7. USACO 2019 年 12 月铜牌竞赛的问题：Where Am I。
8. USACO 2016 年 1 月铜牌赛的问题：Angry Cows。
9. USACO 2016 年 12 月银牌赛的问题：Counting Haybales。
10. DMOJ 上代码为 crci06p3 的问题：Firefly。

9.6 备注

“救生员”问题来自 USACO 2018 年 1 月铜牌赛。“滑雪场”问题来自 USACO 2014 年 1 月铜牌赛。“奶牛棒球”问题来自 USACO 2013 年 12 月铜牌赛。

除了完全搜索算法，还有其他类型的算法，如贪心算法和动态编程算法。如果一个问题不能用完全搜索来解决，那么就值得考虑是否可以用其他类型的算法来解决。

如果你有兴趣用 Python 学习更多关于这些算法和其他算法的主题，我推荐 Magnus Lie Hetland 的 *Python Algorithms*。

我还写了一本关于算法设计的书——*Algorithmic Thinking: A Problem-Based Introduction*。该书与本书遵循同样的基于问题的格式，因此，其风格和节奏对你来说是熟悉的。然而，它使用的是 C 语言，而不是 Python，所以为了充分利用它，你需要事先学习一些 C 语言。

在本章中，我们调用了预先存在的 Python 函数来进行二分搜索。如果我们愿意，可以编写自己的二分搜索代码，而不是依赖这些函数。将列表一分为二，直到找到我们想要的值，这个想法是很直观的，但是实现这个想法的代码却出奇复杂。同样令人惊讶的是，使用二分搜索的变体可以解决大量的问题。在前面提到的 *Algorithmic Thinking: A Problem-Based Introduction* 一书中，有一整章是关于二分搜索的。

第10章 大O和程序效率

在本书的前7章中，我们专注于编写正确的程序：对于任何有效的输入，我们希望程序能够产生所需的输出。不过，除了正确的代码之外，我们通常还希望有高效的代码，即在面对大量输入时也能快速运行的代码。在学习前7章时，你可能偶尔会遇到“超过时限”的错误，但我们第一次正式接触程序效率是在第8章，即解决电子邮件地址问题时。我们在那里看到，有时需要让程序更有效率，以便它们能够在给定的时间限制内完成。

在本章中，我们将首先学习程序员是如何思考和交流程序效率的，然后解决两个需要编写高效代码的问题：确定一条围巾上最需要的部分、为丝带染色。

对于每一个问题，我们都会看到，按最初的想法会写出不够高效的算法。然而，我们会继续努力，直到为同一个问题设计出更快、更有效率的算法。这体现了程序员常见的工作流程：首先，想出正确的算法，然后，如果有需要，就让它更快。

10.1 计时的问题

我们在本书中解决的编程竞赛的问题带有时间限制，即允许程序运行多长时间（以第8章开始，问题描述中加入时间限制，那时我们开始遇到效率问题）。如果程序超过了时间限制，那么评测网站就会以“超过时限”的错误终止程序。时间限制的设计是为了预先阻止那些太慢的解决方案。例如，也许我们想出了完全搜索的解决方案，但是问题的作者已经想出了更快的解决方案。这个更快的解决方案可能是完全搜索的变种，就像我们在第9章中解决“奶牛棒球”问题时那样，也可能是完全不同的方法。不管怎么说，时间限制可能设定为完全搜索方案无法在该时间内完成。因此，除了逻辑正确之外，我们还需要让程序足够快。

可以运行一个程序来探索它是否足够高效。例如，回想一下8.1.2小节，当时我们试图用列表来解决电子邮件地址问题。我们运行了使用越来越大的列表的代码，以了解列表操作所耗费的时间。这种测试可以让我们对程序的效率有一些了解。如果根据问题的时间限制，我们能判断程序太慢，那么就需要优化当前的代码，或者找到全新的方法。

一个程序所花费的时间取决于运行它的计算机。我们不知道评测网站使用的是哪种计算机，但在自己的计算机上运行程序仍然是有参考价值的。假设我们在笔记本计算机上运行我们的程序，在一些小的测试用例上也需要 30 秒，而问题的时间限制是 3 秒，我们几乎可以确信程序就是不够快。

然而，只关注时间限制是有局限性的。想一想我们在第 9 章中对“奶牛棒球”的第一个解决方案。我们不需要运行那段代码来确定它有多慢。这是因为我们能够根据运行该程序时的工作量来确定该程序的特征。例如，在 9.3.1 小节，我们说，对于 n 头奶牛，我们的程序要处理 n^3 个三元组。请注意，我们在这里的重点不是程序运行所需的秒数，而是它对于输入量 n 做了多少工作。

与运行程序并记录执行时间相比，这种分析有很大的优势。下面是其中 5 个原因。

执行时间取决于计算机。给程序计时只告诉我们，程序在一台计算机上需要多长时间。这是非常具体的信息，它几乎不能让我们了解程序在其他计算机上运行时的情况。在阅读本书时，你可能也注意到，即使在同一台计算机上，程序运行的时间也是不同的。例如，你可能在一个测试用例上运行一个程序，发现它需要 3 秒；在同一个测试用例上再次运行它，发现它需要 2.5 秒或 3.5 秒。造成这种差异的原因在于，操作系统正在管理计算资源，根据需要将它们分流到不同的任务。操作系统做出的决定会影响程序的运行时间。

执行时间取决于测试用例。在一个测试用例上为程序计时，只能告诉我们程序在该测试用例上需要多长时间。假设程序在一个小测试用例上运行需要 3 秒。这可能看起来很快，但真相是：每一个合理的问题解决方案都能很快解决这些小测试用例。如果我让你说出 10 个电子邮件地址中清理后的电子邮件地址的数量，或者 10 头奶牛组成的三元组的数量，你可以用想到的第一个正确想法迅速做到这一点。因此，我们更应该感兴趣的是大型测试用例。它们是算法体现其独创性的地方。程序在大型测试用例或超大测试用例上需要多长时间？我们不知道，除非在这些测试用例上运行程序。即使我们这样做了，也可能有特定类型的测试用例带来偶然性。我们可能会被误导，从而认为程序比它实际上要快。

程序需要实现。我们不可能为没有实现的东西计时。假设我们在思考一个问题，并想到了一个如何解决这个问题的想法。它快吗？虽然我们可以通过实现来了解，但最好能事先知道这个想法是否有可能写成一个快速的程序。你不会去实现一个一开始就知道会不正确的程序。同样，如果一开始就知道一个程序会太慢，那也可以避免走弯路。

计时并不能解释慢的原因。如果我们发现程序太慢，那么下一个任务就是设计更快的程序。然而，简单地给程序计时，并不能让我们了解为什么程序很慢。它就是慢。此外，如果我们设法想出一个可能的改进方案，需要实现它，才能看到它是否有帮助。

执行时间是不容易沟通的。由于上述的原因，我们很难用执行时间来与其他人谈论算法的效率。执行时间过于具体，它取决于计算机、操作系统、测试用例、编程语言和所使用的特定实现。我们必须向其他对算法效率感兴趣的人提供这些信息。

不用担心，计算机科学家已经设计了一个符号，解决了这些问题。它独立于计算机，独立于测试用例，也独立于特定的实现。它表明为什么一个慢的程序会慢，也很容易沟通。这就是所谓的大 O。

10.2 大 O

大 O 是计算机科学家用来简明地描述算法效率的一种符号。这里的关键概念是效率等级，它告诉你一个算法有多快，或者说做了多少工作。一个算法越快，它的工作量就越小；一个算法越慢，它的工作量就越大。每种算法都属于一个效率等级；效率等级告诉你，相对于它必须处理的输入量，该算法做了多少工作。要理解大 O，就需要理解这些效率等级。我们现在要研究 7 个常见的等级。我们将看到那些工作量最小的算法，这些算法可能是你希望自己的算法成为的样子。我们还将看到那些工作量相当大的算法，这些算法可能会给你带来“超过时限”的错误。

10.2.1 常数时间

最理想的算法是那些不会随着输入量的增加而做更多工作的算法。无论问题实例如何，这样的算法所需的步骤数都是一样的。它们被称为常数时间算法。

这很难让人相信，对吗？一个无论如何都做同样多工作的算法？的确，用这样的算法来解决问题是很罕见的。但是，当你能做到的时候，就欢呼吧，这已经足够好了！

我们已经设法用常数时间算法解决了本书中的几个问题。回想一下第 2 章中的“电话推销员”问题，我们必须确定提供的电话号码是否属于一个电话推销员。下面重现了清单 2-2 中的解决方案。

```
num1 = int(input())
num2 = int(input())
num3 = int(input())
num4 = int(input())

if ((num1 == 8 or num1 == 9) and
        (num4 == 8 or num4 == 9) and
        (num2 == num3)):
    print('ignore')
else:
    print('answer')
```

无论电话号码的四位数是什么，我们的解决方案都会做同样的工作。代码从读取输入开始。然后对 num1、num2、num3 和 num4 进行一些比较。如果电话号码属于一个电话推销员，我们就输出一些信息；如果它不属于一个电话推销员，就输出其他信息。没有任何输入可以让程序做比这更多的工作。

在第 2 章的早些时候，我们解决了“获胜球队”问题。我们也在常数时间内解决了这个问题吗？我们做到了！下面是清单 2-1 中的解决方案：

```
apple_three = int(input())
apple_two = int(input())
apple_one = int(input())

banana_three = int(input())
banana_two = int(input())
banana_one = int(input())
```

```
apple_total = apple_three * 3 + apple_two * 2 + apple_one
banana_total = banana_three * 3 + banana_two * 2 + banana_one

if apple_total > banana_total:
    print('A')
elif banana_total > apple_total:
    print('B')
else:
    print('T')
```

我们读取输入，计算苹果队的总分，计算香蕉队的总分，比较这些总分，然后输出一条信息。不管苹果队或香蕉队有多少分，我们的程序总是做同样多的工作。

如果苹果队得了几十亿个三分球呢？当然，计算机处理巨大的数字比处理 10 或 50 这样的小数字需要更多时间。虽然这是事实，但这里不必担心这个问题。问题描述指出，每队最多可以投进 100 个两分球和 100 个三分球。因此，我们所处理的是小数字，可以说，计算机能以常数步骤读取或操作这些数字。一般来说，你可以把几十亿以下的数字视为“小数字”。

在大 O 符号中，我们说一个常数时间算法是 $O(1)$的。这个 1 并不意味着你在一个常数时间算法中只能执行一个步骤。如果你执行一个固定的步骤数，如 10 个，甚至 10000 个，它仍然是常数时间。不要写成 $O(10)$或 $O(10000)$，所有的常数时间算法都表示为 $O(1)$。

10.2.2 线性时间

大多数算法都不是常数时间算法。相反，它们所做的工作量取决于输入量。例如，它们处理 1000 个值的工作量比处理 10 个值的工作量大。这些算法之间的区别在于输入量与算法所做的工作量之间的关系。

线性时间算法是指输入量与算法所做工作量之间存在线性关系的算法。假设我们在一个有 50 个值的输入上运行一个线性时间算法，然后我们在一个有 100 个值的输入上再次运行它。与 50 个值相比，该算法在 100 个值上所做的工作量大约是在 50 个值上所做工作量的两倍。

举个例子，让我们看看第 3 章中的“三个杯子”问题。清单 3-1 解决了这个问题，这里重现了解决方案：

```
swaps = input()

ball_location = 1

❶ for swap_type in swaps:
    if swap_type == 'A' and ball_location == 1:
        ball_location = 2
    elif swap_type == 'A' and ball_location == 2:
        ball_location = 1
    elif swap_type == 'B' and ball_location == 2:
        ball_location = 3
    elif swap_type == 'B' and ball_location == 3:
        ball_location = 2
    elif swap_type == 'C' and ball_location == 1:
        ball_location = 3
    elif swap_type == 'C' and ball_location == 3:
```

```
        ball_location = 1

print(ball_location)
```

for 循环❶的工作量线性依赖于输入的数量。如果有 5 次交换要处理，那么这个循环就迭代 5 次。如果有 10 次交换要处理，那么这个循环就迭代 10 次。循环的每次迭代都会执行常数数量的比较，并改变 `ball_location` 所指的内容。因此，这个算法的工作量与交换的数量成正比。

我们通常用 n 来指代提供给问题的输入量。这里，n 是交换的数量。如果需要进行 5 次交换，那么 n 就是 5；如果需要进行 10 次交换，那么 n 就是 10。

如果有 n 次交换，那么程序就做了大约 n 个工作。这是因为 for 循环执行了 n 次迭代，每次迭代的步数是常数。我们并不关心它在每次迭代中执行多少步，只要它是一个常数就行。无论该算法总共执行了 n 步、$10n$ 步还是 $10000n$ 步，它都是一个线性时间算法。使用大 O 符号，我们说这个算法是 $O(n)$的。

使用大 O 符号时，我们不在 n 前面加上数字。例如，一个需要 $10n$ 步的算法写成 $O(n)$，而不是 $O(10n)$。这有助于我们将注意力集中在算法是线性时间这一事实上，而不是线性关系的具体细节。

如果一个算法需要$(2n+8)$步，这是一个什么样的算法呢？这仍然是线性时间！原因是，只要 n 足够大，线性项（即 $2n$）的作用就会逐渐盖过常数项（即 8）。在大 O 的符号中，我们忽略那些作用较小，以至被其他项盖过的项。

许多 Python 操作需要常数时间来完成它们的工作。例如，向列表追加、向字典追加、在序列或字典中按索引取值都需要常数时间。

然而，有些 Python 操作需要线性时间来完成它们的工作。要注意把它们算作线性时间而不是常数时间。例如，使用 Python 输入函数来读取一个长字符串需要线性时间，因为 Python 必须读取输入行上的每个字符。所有检查字符串的每个字符或列表中的每个值的操作，也需要线性时间。

如果算法读取 n 个值并以常数个步骤处理每个值，那么它就是线性时间算法。

我们不需要走很远就能看到另一种线性时间算法：第 3 章中对“已占用停车位”问题的解决方案就是另一个这样的例子。这里重现了清单 3-3 中的解决方案：

```
n = int(input())
yesterday = input()
today = input()

occupied = 0

for i in range(len(yesterday)):
    if yesterday[i] == 'C' and today[i] == 'C':
        occupied = occupied + 1

print(occupied)
```

设 n 为停车位的数量。其模式与“三个杯子”问题相同：我们读取输入，然后对每个停车位执行常数数量的步骤。

概念检查

在清单 1-1 中，我们解决了“单词计数”问题。下面是该解决方案的代码：

```
line = input()
total_words = line.count(' ') + 1
print(total_words)
```

我们算法的大 O 效率是多少？

A. $O(1)$

B. $O(n)$

答案：B。我们很容易误认为这个算法是 $O(1)$的。毕竟，这里没有任何循环，而且看起来算法只执行了 3 个步骤：读取输入，调用 count 来计算字数，以及输出字数。

然而，这个算法是 $O(n)$的，其中 n 是输入中的字符数。input 函数需要线性时间来读取输入，因为它必须逐个读取输入的字符。使用 count 方法也需要线性时间，因为它必须处理字符串中的每个字符来寻找匹配。因此，这个算法在读取输入时执行的是线性工作量，在计数单词时执行的是线性工作量，总体上也就是线性工作量。

概念检查

在清单 1-2 中，我们解决了“圆锥体积”问题。这里重现了这个解决方案：

```
PI = 3.141592653589793


radius = int(input())
height = int(input())

volume = (PI * radius ** 2 * height) / 3

print(volume)
```

算法的大 O 效率是多少？（回顾一下，半径和高度的最大值是 100）

A. $O(1)$

B. $O(n)$

答案：A。我们在这里处理的是小数字，所以从输入中读取它们需要常数时间。计算体积也需要常数时间（这只是一些数学运算）。那么，我们在这里所做的就是几个常数时间步骤。总体上，这就是常数工作量。

概念检查

在清单3-4中，我们解决了“数据套餐”问题。这里重现了这个解决方案：

```
monthly_mb = int(input())
n = int(input())

excess = 0

for i in range(n):
    used = int(input())
    excess = excess + monthly_mb - used

print(excess + monthly_mb)
```

算法的大 O 效率是多少？

A. $O(1)$

B. $O(n)$

答案：B。这个算法的模式与我们对“三个杯子”或“已占用停车位”的解决方案相似，只是它将读取输入与处理输入交错进行。针对每月的数据量。该程序对输入中的每一个值执行常数数量的步骤。因此这是一个 $O(n)$ 算法。

10.2.3　平方阶时间

到目前为止，我们已经讨论了常数时间算法（那些不会随着输入量的增加而做更多工作的算法）和线性时间算法（那些随着输入量的增加而线性地做更多工作的算法）。与线性时间算法一样，平方阶时间算法随着输入量的增加而做更多的工作。例如，算法处理1000个值比处理10个值要做更多的工作。虽然我们可以在相对较大的输入量上使用线性时间算法，但只限于在较小的输入量上使用平方阶时间算法。我们接下来会看到原因。

典型形式

一个典型的线性时间算法看起来像这样：

```
for i in range(n):
    <针对 i 执行常数数量的步骤>
```

相比之下，一个典型的平方阶时间算法看起来像这样：

```
for i in range(n):
    for j in range(n):
        <针对 i 和 j 执行常数数量的步骤>
```

对于大小为 n 的输入，每种算法处理多少个值？线性时间算法处理 n 个值，在 for 循环的每次迭代中处理一个值。与此不同，平方阶时间算法在外层 for 循环的每次迭代中处理 n 个值：在外层循环的第一次迭代中处理 n 个值（内层循环每次迭代处理一个值），在外层循环的第二次迭代中又处理 n 个值（内层循环每次迭代处理一个值），以此类推。由于外层 for 循环迭代了 n 次，处理的值总数为 $n \times n$，即 n^2。两层循环都依赖 n，这就产生了一个平方阶时间的算法。用大 O 表示，我们说平方阶时间算法是 $O(n^2)$的。

让我们比较一下线性时间算法和平方阶时间算法的工作量。假设我们正在处理一个有 1000 个值的输入，这意味着 n 是 1000。一个需要 n 步的线性时间算法需要 1000 步。一个需要 n^2 步的平方阶时间算法需要 1000^2=1000000 步。100 万远远多于 1000，但谁在乎呢——计算机真的非常非常快，对吗？嗯，是的，对于 1000 个数值的输入，使用平方阶时间算法可能没问题。在 9.3.1 小节，我给出了一个保守的规则，声称我们的程序每秒可以做大约 500 万件事情。那么，除了时间限制非常严格的问题，100 万步的解决方案对于大部分问题还可以接受。

然而，对平方阶时间算法的任何乐观态度都是短暂的。看看如果我们把输入值的数量从 1000 提高到 10000 会发生什么。线性时间算法只需要 10000 步。平方阶时间算法需要 10000^2=100000000 步。如果我们使用的是平方阶时间算法，计算机看起来就不是那么快了。虽然线性时间算法仍然以毫秒为单位运行，但平方阶时间算法至少需要几秒。那很容易超过时间限制。

概念检查

以下算法的大 O 效率是多少？

```
for i in range(10):
    for j in range(n):
        <针对 i 和 j 执行常数数量的步骤>
```

A. $O(1)$

B. $O(n)$

C. $O(n^2)$

答案：B。这里有两层循环，所以你的第一直觉可能认为这是一个平方阶时间算法，但是要小心，因为外层 for 循环只迭代了 10 次，与 n 的值无关。因此，这个算法的总步数是 $10n$ 而非 n^2。$10n$ 是线性的，就像 n 一样。因此，这是一个线性时间算法，而不是平方阶时间算法。我们会把它的效率写成 $O(n)$。

概念检查

以下算法的大 O 效率是多少？

```
for i in range(n):
    <针对 i 执行常数数量的步骤>
for j in range(n):
    <针对 j 执行常数数量的步骤>
```

A. $O(1)$

B. $O(n)$

C. $O(n^2)$

答案：B。我们在这里有两个循环，它们都依赖于 n，那么这不是平方阶时间算法吗？不是！这两个循环是接续的，不是嵌套的。第一个循环需要 n 步，第二个循环也需要 n 步，总共是 $2n$ 步。因此，这是一个线性时间算法。

替代形式

如果你看到两个嵌套的循环，其中每一个都依赖于 n，那么你很可能看到的是一个平方阶时间算法。然而，即使没有这样的嵌套循环，也有可能出现平方阶时间算法。我们可以在“电子邮件地址”问题的第一个解决方案（清单 8-2）中找到这样一个例子。这里重现了解决方案：

```
# clean function not shown

for dataset in range(10):
    n = int(input())
    addresses = []
    for i in range(n):
        address = input()
❶       address = clean(address)
❷       if not address in addresses:
          addresses.append(address)

    print(len(addresses))
```

设 n 是我们在 10 个测试用例中看到的最大数量的电子邮件地址。外层 for 循环迭代 10 次；内层 for 循环最多迭代 n 次。因此，我们最多处理 $10n$ 个电子邮件广告，这对 n 来说是线性的。

清理一个电子邮件地址❶需要常数数量步骤，所以我们不需要担心这个问题。然而，这仍然不是一个线性时间算法，因为内部 for 循环的每一次迭代都需要超过常数数量的步骤。具体来说，检查一个电子邮件地址是否已经在列表中❷，需要的工作与已经在列表中的电子邮件地址的数量成正比，因为 Python 必须在列表中搜索。这本身就是一个线性时间的操作！所以我们要处理 $10n$ 个电子邮件地址，每个地址需要 n 步，总共需要 $10n^2$ 步。这意味着这是个平方阶时间算法。这个平方阶时间算法的性能正是这段代码遇到“超过时限”错误的原因，这导致我们改用集合。

10.2.4　立方阶时间

如果一层循环会涉及线性时间算法，而两层循环会涉及平方阶时间算法，那么 3 层循环呢？对于 3 层循环，每个循环都依赖于 n，这会涉及一个立方阶时间算法。用大 O 表示，我们说一个立方阶时间算法是 $O(n^3)$的。

如果你认为平方阶时间算法已经很慢了，不妨看看立方阶时间算法有多慢。假设 n 是 1000。我们已经知道，线性时间算法需要大约 1000 步，平方阶时间算法需要大约 1000^2=1000000 步。立方阶时间算法需要 1000^3 = 1000000000 步！但情况会变得更糟。例如，如果 n 是 10000，这仍然是一个小的输入量，那么立方阶时间算法将需要 1000000000000（一万亿）步。一万亿步将需要许多计算时间。不开玩笑地说，立方阶时间算法几乎永远不够好。

当我们试图使用立方阶时间算法来解决清单 9-5 中的“奶牛棒球”问题时，它当然不够好。这里重现了解决方案：

```
input_file = open('baseball.in', 'r')
output_file = open('baseball.out', 'w')
```

```
n = int(input_file.readline())

positions = []

for i in range(n):
    positions.append(int(input_file.readline()))

total = 0

❶ for position1 in positions:
  ❷ for position2 in positions:
        first_two_diff = position2 - position1
        if first_two_diff > 0:
            low = position2 + first_two_diff
            high = position2 + first_two_diff * 2

        ❸   for position3 in positions:
              if position3 >= low and position3 <= high:
                  total = total + 1

output_file.write(str(total) + '\n')

input_file.close()
output_file.close()
```

你会在这段代码中看到立方阶时间的迹象：3 个嵌套的循环❶❷❸，每个循环都依赖于输入的数量。那个问题的时间限制是 4 秒，而我们最多可以有 1000 头牛。一个立方阶时间的算法要处理十亿个三元组，太慢了。

10.2.5 多变量

在第 5 章中，我们解决了“面包房奖金”问题。这里重现了清单 5-6 中的解决方案：

```
for dataset in range(10):
    lst = input().split()
    franchisees = int(lst[0])
    days = int(lst[1])

    grid = []

❶   for i in range(days):
        row = input().split()
        for j in range(franchisees):
            row[j] = int(row[j])
        grid.append(row)

    bonuses = 0
❷   for row in grid:
        total = sum(row)
        if total % 13 == 0:
            bonuses = bonuses + total // 13

❸   for col_index in range(franchisees):
        total = 0
        for row_index in range(days):
            total = total + grid[row_index][col_index]
        if total % 13 == 0:
            bonuses = bonuses + total // 13

print(bonuses)
```

这个算法的大 O 效率是多少？这里有一些嵌套的循环，所以第一个猜测是这个算法是 $O(n^2)$ 的。然而，n 是什么呢？

在本章讨论的问题中，我们用单个变量 n 来表示输入量：n 可以是交换的数量，也可以是交换的数量、停车位的数量、电子邮件地址的数量或奶牛的数量。在“面包房奖金”问题中，我们要处理的是二维输入，所以需要两个变量来表示其数量。我们将第一个变量称为 d，即天数；将第二个变量称为 f，即加盟店的数量。更正式地说，因为每个输入有多个测试用例，我们设 d 是最大的天数，f 是最大的加盟店数量。我们需要用 d 和 f 给出大 O 效率。

我们的算法由 3 个主要部分组成：读取输入，从行中计算出奖金数量，从列中计算出奖金数量。我们来看看每一个部分。

为了读取输入❶，我们进行了 d 次外循环的迭代。在这些迭代中的每一次，我们读取一行并调用 `split`，这大约需要 f 步。我们再花 f 步来循环这些值并将它们转换为整数。总的来说，每一个迭代的步骤数与 f 成正比。因此，读取输入需要 $O(df)$ 的时间。

现在考虑行❷。这里的外循环迭代了 d 次。每次迭代都调用 `sum`，它需要 f 个步骤，因为它必须把 f 个值加起来。那么，这部分的算法是 $O(df)$ 的，就像读取输入一样。

最后，让我们看一下列❸。外循环迭代了 f 次，每次迭代都会导致内循环迭代 d 次。这部分的算法也是 $O(df)$ 的。

这个算法的每个部分都是 $O(df)$ 的。将 3 个 $O(df)$ 的组件加在一起，产生的还是 $O(df)$ 的算法。

概念检查

以下算法的大 O 效率是多少？

```
for i in range(m):
    <一步即可完成的操作>
for j in range(n):
    <一步即可完成的操作>
```

A. $O(1)$

B. $O(n)$

C. $O(n^2)$

D. $O(m + n)$

E. $O(mn)$

答案：D。第一个循环依赖于 m，第二个循环依赖于 n。这些循环是连续的，不是嵌套的，所以应当相加而不是相乘。

10.2.6 对数时间

在 9.3.2 小节中，我们讨论了线性搜索与二分搜索的区别。线性搜索是通过从头到尾搜索列表来找到列表中的一个值的。这是一个 $O(n)$ 的算法。无论列表是否排好序，它都能工作。相比之下，二分搜索只对已排序的列表起作用。然而，如果你有一个已排序的列表，那么二分搜索就快得惊人。

二分搜索的工作原理是将要搜索的值与列表中间的值进行比较。如果列表中间的值比搜索值大，就继续在列表的左半部分搜索。如果列表中间的值比搜索值小，就在列表的右半部分继续搜索。我们一直这样做，每次都忽略一半的列表，直到找到要找的值。

假设我们用二分搜索在一个有 512 个值的列表中找到一个值。这需要多少个步骤？好吧，一步之后，我们已经忽略了一半的列表，所以只剩下 512 / 2 = 256 个值。不管我们的值是大于列表中一半的值还是小于列表中一半的值，这都不重要；在每种情况下，我们都忽略了列表中的一半。经过 2 步，剩下 256 / 2 = 128 个值。3 步之后，剩下 128 / 2 = 64 个值。继续，4 步后，我们有 32 个值；5 步后，我们有 16 个值；6 步后，我们有 8 个值；7 步后，我们有 4 个值；8 步后，我们有 2 个值；9 步后，我们只有 1 个值。

9 步——就是这样！这比使用线性搜索的最多 512 步要好得多。二分搜索所做的工作远比线性时间算法少。这是一种什么样的算法呢？它不是常数时间的：虽然它需要很少的步骤，但随着输入量的增加，步骤数确实会增加一些。

二分搜索是一个对数时间算法的例子。用大 O 符号，我们说一个对数时间算法是 $O(\log n)$ 的。

对数时间是指数学中的对数函数。给定一个数字，这个函数告诉你，你必须用这个数字除以一个底数多少次，才能得到 1 或更少的数字。我们在计算机科学中通常使用的底数是 2，所以我们正在寻找一个数字除以 2 要多少次才能得到 1 或更小的数。例如，512 除以 2 需要 9 次，才能降至 1。我们把它写成 $\log_2 512=9$。

对数函数是指数函数的逆函数，后者对你来说可能更熟悉。另一种计算 $\log_2 512$ 的方法是找到指数 p，使 $2^p=512$。由于 $2^9=512$，我们有 $\log_2 512=9$。

对数函数的增长速度之慢令人震惊。例如，考虑一个有 100 万个数值的列表。二分搜索要花多少步才能搜索到某个值？这个数字大概是 $\log_2 1000000$，也就是只需 20 步左右。对数时间比线性时间更接近于常数时间。只要能用对数时间算法取代线性时间算法，就是巨大的胜利。

10.2.7 *n*log*n* 时间

在第 5 章中，我们解决了“村庄邻域”问题。这里重现了清单 5-1 中的解决方案：

```
  n = int(input())

  positions = []

❶ for i in range(n):
      positions.append(int(input()))

❷ positions.sort()

  left = (positions[1] - positions[0]) / 2
  right = (positions[2] - positions[1]) / 2
  min_size = left + right

❸ for i in range(2, n - 1):
      left = (positions[i] - positions[i - 1]) / 2
```

10

```
        right = (positions[i + 1] - positions[i]) / 2
        size = left + right
        if size < min_size:
            min_size = size

print(min_size)
```

这看起来像线性时间算法，是吗？我的意思是，用线性时间循环来读取输入❶，用线性时间循环来寻找最小领域大小❸。那么，这段代码是 $O(n)$的吗？

现在这么说还为时过早！原因是我们还没有考虑到对位置的排序❷。我们不能忽视这一点，我们需要知道排序的效率。正如我们将看到的，排序所需的时间比线性时间要慢。由于排序是这里最慢的步骤，无论排序的效率是多少，它都代表了整体的效率。

程序员和计算机科学家已经设计了许多排序算法，这些算法可以大致分为两组。第一组包括需要 $O(n^2)$时间的算法。在这些排序算法中，较著名的 3 种是冒泡排序、选择排序和插入排序。如果你愿意，可以自行了解更多关于这些排序算法的信息，但是我们不需要了解任何关于它们的信息就可以继续在这里讨论。我们要记住的是，$O(n^2)$可能是相当慢的。例如，要对 10000 个值进行排序，一个 $O(n^2)$排序算法将需要大约 10000^2=100000000 步。正如我们所知，任何计算机都需要处理一段时间。这是相当令人失望的：对 10000 个值进行排序，感觉像计算机应该能够几乎瞬间完成的事情。

另一组排序算法只需要 $O(n\log n)$的时间。在这组算法中，有两个著名的排序算法：快速排序和合并排序。同样，如果你愿意，可以自由地查找它们的信息，但这里不需要有关它们原理的细节。

$O(n\log n)$是什么意思？不要让这个符号迷惑你。$n\log n$ 只是 n 与 $\log n$ 的乘积。让我们在一个包含 10000 个值的列表上试试这个。在这里，我们大约有 $10000\times\log_2 10000$ 步，也就是只有大约 132877 步。这是非常少的步骤，特别是与 $O(n^2)$排序算法所需的 100000000 步相比。

现在我们可以问一个真正关心的问题：当我们要求 Python 对一个列表进行排序时，它在使用什么排序算法？答案是：一个 $O(n\log n)$的算法！（它叫作 Timsort。如果你想了解更多，可以从合并排序开始，因为 Timsort 是合并排序的“强化版本”）。这里没有缓慢的、$O(n^2)$的排序。一般来说，排序的速度非常快（接近于线性时间），所以我们可以在不影响效率的情况下使用它。

回到“村庄邻域”问题，现在我们看到它的效率不是 $O(n)$，而是（受排序影响的）$O(n\log n)$。在实践中，一个 $O(n\log n)$的算法所做的工作只比 $O(n)$的算法多一点，而远远少于 $O(n^2)$的算法。如果你的目标是设计一个 $O(n)$的算法，那么设计一个 $O(n\log n)$的算法可能已经很好了。

10.2.8 处理函数调用

从第 6 章开始，我们写了自己的函数来帮助设计更大的程序。在大 O 分析中，我们需要注意把调用这些函数时做的工作包括进去。

我们重温一下第 6 章的“纸牌游戏”问题。清单 6-1 解决了这个问题，其中一部分是调用 no_high 函数。这里重现了解决方案：

```
NUM_CARDS = 52


❶ def no_high(lst):
      """
      lst is a list of strings representing cards.

      Return True if there are no high cards in lst, False otherwise.
      """
      if 'jack' in lst:
          return False
      if 'queen' in lst:
          return False
      if 'king' in lst:
          return False
      if 'ace' in lst:
          return False
      return True


deck = []

❷ for i in range(NUM_CARDS):
      deck.append(input())

score_a = 0
score_b = 0
player = 'A'

❸ for i in range(NUM_CARDS):
      card = deck[i]
      points = 0
      remaining = NUM_CARDS - i - 1
      if card == 'jack' and remaining >= 1 and no_high(deck[i+1:i+2]):
          points = 1
      elif card == 'queen' and remaining >= 2 and no_high(deck[i+1:i+3]):
          points = 2
      elif card == 'king' and remaining >= 3 and no_high(deck[i+1:i+4]):
          points = 3
      elif card == 'ace' and remaining >= 4 and no_high(deck[i+1:i+5]):
          points = 4

      if points > 0:
          print(f'Player {player} scores {points} point(s).')

      if player == 'A':
          score_a = score_a + points
          player = 'B'
      else:
          score_b = score_b + points
          player = 'A'

print(f'Player A: {score_a} point(s).')
print(f'Player B: {score_b} point(s).')
```

我们用 n 来表示牌的数量。`no_high` 函数❶接收一个列表并在其中使用 in，所以我们可以得出结论，它的时间是 $O(n)$（毕竟，它可能要搜索整个列表才能找到它要找的东西）。然而，我们只对常数大小的列表调用 `no_high`（最多 4 张牌），所以可以把每次调用 `no_high` 的时间视为 $O(1)$。

既然了解了 no_high 的效率，我们就可以确定整个程序的大 O 效率。我们从一个循环开始，花了 $O(n)$的时间来读取牌❷，然后进入另一个循环，该循环迭代了 n 次❸。每次迭代只需要常数步骤，可能还包括调用 no_high，也需要常数步骤。那么，这个循环需要 $O(n)$时间。因此，该程序由两个 $O(n)$的部分组成，所以它总体上是 $O(n)$的。

要注意准确判断一个函数被调用时的工作量，正如你刚才在 no_high 中看到的。这可能涉及观察函数本身和它被调用的环境。

概念检查

以下算法的大 O 效率是多少？

```
def f(lst):
    for i in range(len(lst)):
        lst[i] = lst[i] + 1

# Assume that lst refers to a list of numbers
for i in range(len(lst)):
    f(lst)
```

A. $O(1)$

B. $O(n)$

C. $O(n^2)$

答案：C。主程序中的循环迭代了 n 次。在每次迭代中，我们都会调用函数 f，它本身也有一个循环，最多迭代 n 次。

10.2.9　小结

工作最少的算法是 $O(1)$的，其后依次是 $O(\log n)$、$O(n)$、$O(n\log n)$的。你是否能给出使用这 4 种算法之一的解决方案？如果能，你可能已经解决了该问题。如果没有，那么根据时间限制，你可能还有更多工作要做。

我们现在要看两个问题，在这两个问题中，直接的解决方案是不够有效的，它不能在时间限制内运行。利用我们刚刚学到的关于大 O 的知识，即使没有实现代码，我们也能预测到这种低效率的情况！然后，我们将研究一个更快的解决方案并实现它，从而在规定的时限内解决这个问题。

10.3　问题 24：最长围巾

在这个问题中，我们剪裁一条初始的围巾，并确定出这样可以制作出的最长的理想围巾。看完下面的描述后，停下来想一想：你会如何解决这个问题？你能想出多个算法，并研究它们的效率吗？

这是 DMOJ 中代码为 dmopc20c2p2 的问题。

挑战

你有一条长度为 n 英尺（1 英尺约合 0.3 米）的围巾，每英尺都有一个特定的颜色。

你还有 m 个亲戚。每个亲戚通过指定第一英尺和最后一英尺的颜色，表明他们想要的围巾是什么样子。

你的目标是以这样的方式裁剪初始的围巾，以便为你的亲戚制作最长的理想围巾。

输入

输入由以下几行组成。

- 一行包含围巾长度 n 和亲戚数 m，用空格隔开。n 和 m 都是整数，且取值范围均为 1～100000。
- 一行包含 n 个整数，用空格隔开。每个整数表示一英尺围巾的颜色，按从第一英尺到最后一英尺的顺序排列。每个整数的取值范围均为 1～1000000。
- m 行，每个亲戚一行，包含两个由空格分隔的整数。这些数字描述了该亲戚想要的围巾：第一个整数是围巾第一英尺的颜色，第二个整数是围内最后一英尺的颜色。

输出

通过剪裁初始的围巾所能产生的满足亲戚要求的最长围巾的长度。

解决测试用例的时间限制是 0.4 秒。

10.3.1 探索一个测试用例

我们通过一个小的测试用例来确保我们确切地知道所要求的是什么。下面就是：

```
6 3
18 4 4 2 1 2
1 2
4 2
18 4
```

我们有一条 6 英尺长的围巾，有 3 个亲戚。围巾每英尺的颜色依次为：18, 4, 4, 2, 1, 2。我们能做的最长的围巾有多长？

第一个亲戚想要一条围巾，它的第一英尺是颜色 1，最后一英尺是颜色 2。我们能做的就是给这个亲戚一条 2 英尺长的围巾：围巾末端的 2 英尺（颜色 1 和颜色 2）。

第二个亲戚想要一条围巾，它的第一英尺是颜色 4，最后一英尺是颜色 2。我们可以给他一条 5 英尺的围巾，颜色依次为：4, 4, 2, 1, 2。

第三个亲戚想要一条围巾，第一英尺是颜色 18，最后一英尺是颜色 4。我们可以给他一条 3 英尺的围巾，颜色依次为：18, 4, 4。

我们能做的满足需求的围巾，其最大长度是 5 英尺，所以 5 就是这个测试用例的答案。

10.3.2 算法 1

我们刚才处理这个测试用例的方式可能会让你立即想起，有一种算法可以用来解决这个问题。

也就是说，我们应该能够遍历这些亲戚，计算出每一个亲戚所需围巾的最大长度。例如，第一个亲戚所需围巾的最大长度值可能是 2，所以我们记住 2。第二个亲戚所需围巾的最大长度值可能是 5。5 比 2 大，所以我们记住 5。第三个亲戚所需围巾的最大长度值可能是 3，3 不比 5 大，所以我们记住的数字没有变化。如果这让你想起了完全搜索算法（第 9 章），很好，因为这就是完全搜索算法！

有 m 个亲戚。如果我们知道处理每个亲戚需要多长时间，就会知道算法的大 O 效率。

这里有一个想法：对于每个亲戚，我们找到代表第一英尺颜色的最左边的索引和代表最后一英尺颜色的最右边的索引。一旦有了这些索引，那么无论围巾有多长，都可以用这些索引来快速确定这个亲戚所需围巾的最大长度。例如，如果代表第一英尺颜色的最左边的索引是 100，代表最后一英尺颜色的最右边的索引是 110，那么围巾的最大长度是 $110-100+1=11$。

根据我们尝试找到这些索引的方式，可能会很幸运地很快找到它们。例如，我们可以从左边扫描第一英尺的颜色的最左边的索引，从右边扫描最后一英尺的颜色的最右边的索引。那么，如果第一英尺的颜色在围巾的开头附近，而最后一英尺的颜色在围巾的末尾附近，我们就会很快发现这些索引。

不过，我们可能不太幸运。找到其中一个或两个索引可能要花上 n 个步骤。例如，假设一个亲戚想要一条围巾，其第一英尺的颜色正好出现在围巾的末尾，或者根本就没有出现在围巾中。我们不得不检查整条围巾的 n 英尺，每次一英尺，才能弄清这一点。

因此，每个亲戚需要 $O(n)$时间。这是线性时间。而我们知道，线性时间是很快的。问题解决了吗？没有，因为在这种情况下，线性时间的工作远比它看起来更有威胁性。请记住，我们要针对 m 个亲戚中的每一个做这项 $O(n)$工作。因此，总体上，这是一个 $O(mn)$的算法。因此，mn 可以大到 $100000\times100000=10000000000$！鉴于我们每秒可以执行大约 500 万个操作，而时间限制是 0.4 秒，我们还差得远。

我们没有必要去实现这个算法，因为可以肯定，它在大型测试用例中会超时。不如继续前进，把时间花在实现其他算法上（如果你仍然对代码感到好奇，请查找本书的配套资源。请记住，我们甚至不用看代码，就已经知道它太慢了。大 O 分析的力量在于，帮助我们在实现算法之前就了解它是否注定会失败）。

10.3.3　算法 2

我们不得不以某种方式处理每一个亲戚。那么，要重点优化的是对每个亲戚的工作量。不幸的是，以 10.3.2 小节的方式来处理一个亲戚，可能会导致对围巾的很大一部分进行搜索。正是这种针对每个亲戚都要进行的对围巾的搜索将我们压垮。我们需要控制住这种搜索。

假设我们能在知道亲戚想要什么之前，只看一遍围巾。对于围巾上每种颜色，我们可以记住的两件事：它出现的最左边和最右边位置的索引。然后，无论每个亲戚想要什么，我们都可以用已经保存的左右索引算出他们想要的围巾的最大长度。

例如，对于这条围巾：

```
18 4 4 2 1 2
```

我们将保存如表 10-1 所示的信息。

表 10-1 围巾信息

颜色	最左索引	最右索引
1	4	4
2	3	5
4	1	2
18	0	0

假设一个亲戚的围巾的第一英尺是颜色 1、最后一英尺是颜色 2。我们查询表 10-1 得到颜色 1 的最左索引是 4，颜色 2 的最右索引是 5，然后计算 5– 4 + 1 = 2，就得出了这个亲戚想要围巾的最大长度。

令人惊奇的是：无论围巾有多长，我们都可以为每个亲戚做一次快速计算，再也不用一遍又一遍地计算围巾长度了。

这里唯一棘手的是如何在只能看一遍围巾的条件下，计算所有颜色出现位置的最左索引和最右索引。

代码显示在清单 10-1 中。在你继续阅读下面的解释之前，请试着弄清楚 `leftmost_index` 和 `rightmost_index` 字典是如何构建的。

清单 10-1：解决“最长围巾”问题（算法 2）

```
lst = input().split()
n = int(lst[0])
m = int(lst[1])


scarf = input().split()
for i in range(n):
    scarf[i] = int(scarf[i])

❶ leftmost_index = {}
❷ rightmost_index = {}

❸ for i in range(n):
      color = scarf[i]
    ❹ if not color in leftmost_index:
          leftmost_index[color] = i
          rightmost_index[color] = i
    ❺ else:
          rightmost_index[color] = i

  max_length = 0

  for i in range(m):
      relative = input().split()
      first = int(relative[0])
      last = int(relative[1])
      if first in leftmost_index and last in leftmost_index:
        ❻ length = rightmost_index[last] - leftmost_index[first] + 1
          if length > max_length:
              max_length = length

print(max_length)
```

这个解决方案使用两个字典：一个用来记录每种颜色出现位置的最左索引❶，另一个用来记录每种颜色出现位置的最右索引❷。

如同承诺的那样，我们只看一遍围巾的颜色❸。下面是保持 `leftmost_index` 和 `rightmost_index` 字典更新的方法。

- 如果从未见过当前的颜色❹，那么当前的索引就会成为这个颜色出现位置的最左索引和最右索引。
- 否则，当前英尺的颜色在之前已经被看到❺。我们不想更新这个颜色出现位置的最左索引，因为当前的索引是在旧索引的右边。不过，我们确实想更新最右索引，因为已经找到了一个在旧索引右边的索引。

现在可以看到这种做法的回报：对于每个亲戚，可以简单地从这些字典中查找最左边和最右边的索引❻。所需围巾的最大长度是最后一英尺的颜色出现位置的最右索引减去第一英尺的颜色出现位置的最左索引加 1。

正如我现在要论证的那样，这个算法要比算法 1 好得多。读取围巾需要 $O(n)$时间，处理围巾的颜色也是如此。到目前为止，这就是 $O(n)$时间。然后我们用一个常数数量的步骤来处理每个亲戚（而不是像以前那样用 n 个步骤！），所以这是 $O(m)$时间。总的来说，我们有一个 $O(m+n)$的算法，而不是 $O(mn)$的算法。鉴于 m 和 n 最多可以是 100000，我们的算法很容易在问题限制的时间内完成任务。你可以把代码提交给评测网站，以证明这一点！

10.4 问题 25：丝带染色

针对这个问题，我们想出的第一个算法可能太慢了。不过我们不会在这个问题上浪费太多时间，因为大 O 分析会告诉我们在考虑实现代码之前所需要知道的一切。我们会花时间设计更快的算法。

这是 DMOJ 上代码为 dmopc17c4p1 的问题。

挑战

你有一条紫色丝带，长度为 n 个单位。第一个单位从位置 0 到位置 1（但不包括），第二个单位从位置 1 到位置 2（但不包括），以此类推。然后，你进行了 q 次染色，每一次都将丝带的一个部分染成蓝色。

你的目标是确定丝带中仍为紫色的单位数量和现在为蓝色的单位数量。

输入

输入由以下几行组成。

- 一行包含两个整数：丝带长度 n 和染色次数 q，用空格隔开。n 和 q 的取值范围都是 1～100000。
- q 行，每行代表一次染色，包含两个整数，用空格隔开。第一个整数给出染色的起始位置，第二个整数给出染色的结束位置。起始位置一定小于结束位置。每个整数的取值范围都是 0～n，染色从起始位置开始，不包括结束位置。

举一个简单的例子，如果一次染色的起始位置是 5，结束位置是 12，那么这次染色就从位置 5 开始，到位置 12 结束，不包括位置 12。

输出

依次输出仍为紫色的单位数、一个空格，以及现在为蓝色的单位数。

解决测试用例的时间限制是 2 秒。

10.4.1 探索一个测试用例

我们来看一个小测试用例。这个测试用例不仅可以确保我们对问题的解释是正确的，而且可以强调朴素算法的危险性。它是这样的：

```
20 4
18 19
4 16
4 14
5 12
```

丝带长度为 20，有 4 次染色。染色能将丝带的多少个单位变成蓝色？

第一次染色将一个单位染成蓝色，即从位置 18 开始的那个单位。

第二次染色从位置 4 开始，经过 5、6、7 等，直到位置 16（但不包括位置 16）。这一次染了 12 个单位，现在总共有 13 个蓝色单位。

第三次染色了 10 个单位的蓝色。然而，所有这些单位都是第二次染色已经染过的！这将是巨大的浪费。如果我们花时间在这次染色中“染”任何东西，那确实是一种巨大的时间浪费。无论我们想出什么样的算法，最好不要落入这个浪费时间的陷阱。

第四次染色将 7 个单位染成蓝色。还是那句话：所有这些单位都已经是蓝色了！

现在染色结束，我们有 13 个蓝色单位。还有 20–13 = 7 个紫色单位，所以这个测试用例的正确输出如下：

```
7 13
```

10.4.2 解决问题

丝带的最大长度是 100000，染色的最大次数是 100000。回顾一下我们在解决“最长围巾”问题时思考的算法 1，我们了解到 $O(mn)$的算法在这种界限下过于缓慢。同样，在这里，$O(nq)$的算法也是不够快的，因为它不能在大型测试用例限制的时间内完成。

这意味着，我们无法处理每次染色的每个单位。如果我们能更容易地只关注被染成蓝色的新单位，那就好了。然后，我们可以遍历每一次染色，把它所贡献的蓝色单位的数量加起来。

有道理，但我们如何确定每次染色的贡献？这很棘手，因为下一次染色的某些单位可能已经之前被染成了蓝色。

不过，如果先对这些染色进行排序，情况就会变得简单得多。请回顾 10.2.7 小节，排序是非常快的，只需要 $O(n\log n)$时间。使用排序并不存在效率问题，所以让我们来理解为什么排序在这里有帮助。

对 10.4.1 小节测试用例中的每次染色进行排序，可以得到以下每次染色的列表：

```
4 14
4 16
5 12
18 19
```

既然每次染色已排好序，我们就可以有效地处理它们。在处理时，我们将保存目前已经处理过的所有染色的最右位置。我们让这个最右位置从 0 开始，表示还没有进行任何染色。

第一次染色染了 14–4 = 10 个单位的蓝色。现在我们保存的最右位置是 14。

第二次染色染了 12 个单位的蓝色，是的，但这 12 个单位中有多少是由紫色变成蓝色的呢？毕竟，它与前一次染色重叠了，所以其中一些单位已经是蓝色的了。我们可以通过从当前染色的结束位置 16 减去 14（即我们保存的最右位置）来计算新的蓝色单位的数量。这就是我们如何忽略已经被以前的染色染成蓝色的单位。因此，有 16–14 = 2 个新的蓝色单位，总共有 12 个蓝色单位。最重要的是，我们只是想出了这一点，而没有处理这次染色的各个单位。在继续之前，别忘了将我们保存的最右位置更新为 16。

第三次染色和第二次染色一样，都是在我们保存的最右位置之前开始。然而，与第二次染色不同的是，它的结束位置根本没有超过我们保存的最右位置。因此，这次染色没有增加任何新的蓝色单位，而我们保存的最右位置仍然是 16。同样，我们没有在这次染色的每一个位置上进行检查，就已经明白了这一点！

对第四次染色要小心。它并没有增加 19–16 = 3 个新的蓝色单位。我们必须区别对待这次染色，因为它的起始位置在我们保存的最右位置的右边。在这种情况下，我们不使用保存的最右位置，而是计算 19–18 = 1 个新的蓝色单位，总共 13 个蓝色单位。我们也将保存的最右位置更新为 19。

现在唯一的问题是：如何在 Python 代码中对这些染色进行排序？我们需要对它们的起始位置进行排序。如果多次染色的起始位置相同，那么我们要对它们的结束位置进行排序。

也就是说，我们要取一个这样的列表：

```
[[18, 19], [4, 16], [4, 14], [5, 12]]
```

并产生下面的列表：

```
[[4, 14], [4, 16], [5, 12], [18, 19]]
```

令人高兴的是，列表 `sort` 方法正是以这种方式工作的。当给定一个列表时，`sort` 使用每个列表中的第一个值进行排序；如果这些值相等，使用第二个值对列表进行进一步排序。试试看：

```
>>> strokes = [[18, 19], [4, 16], [4, 14], [5, 12]]
>>> strokes.sort()
>>> strokes
[[4, 14], [4, 16], [5, 12], [18, 19]]
```

算法和排序都已经处理。我们的情况很好！在看到代码之前，我们还想知道一件事：它的大 O 效率会是多少？我们需要读取 q 次染色，这需要 $O(q)$时间。然后我们需要对这些染色排序，这需要 $O(q\log q)$时间。最后，我们需要处理这些染色，这需要 $O(q)$时间。其中，最慢的是排序的 $O(q\log q)$时间，所以这就是整体的大 O 效率。

现在快速解决方案的一切均已就绪。请看清单 10-2。

清单 10-2：解决“丝带染色”问题

```
lst = input().split()
n = int(lst[0])
q = int(lst[1])

strokes = []

for i in range(q):
    stroke = input().split()
  ❶ strokes.append([int(stroke[0]), int(stroke[1])])

❷ strokes.sort()

rightmost_position = 0

blue = 0

for stroke in strokes:
    stroke_start = stroke[0]
    stroke_end = stroke[1]
  ❸ if stroke_start <= rightmost_position:
        if stroke_end > rightmost_position:
          ❹ blue = blue + stroke_end - rightmost_position
            rightmost_position = stroke_end
  ❺ else:
      ❻ blue = blue + stroke_end - stroke_start
        rightmost_position = stroke_end

print(n - blue, blue)
```

我们读取每次染色，把它作为有两个值的列表，追加到 strokes 列表❶，然后排序❷。

接下来需要从左到右处理每次染色。有两个关键变量驱动这个处理过程：变量 rightmost_position 保存目前染色的最右位置，而变量 blue 存储目前蓝色单位的数量。

要处理一次染色，需要知道它是在保存的最右位置之前还是之后开始的。让我们依次思考这些情况。

如果染色在目前保存的最右位置之前开始，我们该怎么做❸？这次染色可能会给我们带来一些新的蓝色单位，但前提是它必须延伸到超出目前保存的最右位置。如果是这样，那么新的蓝色单位就是在目前保存的最右位置和染色结束位置之间的那些单位❹。

如果染色在目前保存的最右位置之后开始，我们该怎么做❺？这次染色与之前的染色完全没有重叠，会染出一段新的蓝色。因此，新的蓝色单位是这次染色的结束位置和开始位置之间的单位❻。

请注意，在每一种情况下，我们也正确地更新了保存的最右位置，这样我们就可以准备好处理进一步的染色。

这就结束了！在大 O 分析的指导下，我们能够否定一种算法，因为我们知道用这种算法实现的程序太慢。然后，我们考虑了第二种算法——在实现它之前，我们就知道它足够快。现在是时候将代码提交给评测网站，并为我们的成功而欢呼了。

10.5 小结

在本章中，我们学习了大 O 分析。大 O 是进一步研究算法设计的重要基石。你会在很多地方遇到它：在教程中，在书中，也可能在你的下一次工作面试中！

我们还解决了两个问题，需要为它们设计非常高效的算法。我们不仅能够做到这一点，还能够利用大 O 来给出令人满意的解释，说明为什么我们的代码如此高效。

10.6 练习

下面有一些练习供你尝试。对于每一个练习，使用大 O 来判断你提出的算法是否足够有效，以在时间限制内解决问题。你可能也想实现那些你知道会太慢的算法，这会给你带来额外的练习机会，让你巩固 Python 知识，并确认你的大 O 分析是正确的！

这些问题中有些相当有挑战性。有两个原因。第一，根据本书中的知识，你可能会同意，想出任何算法都不容易，想出更快的算法可能更难。第二，虽然我们一起学习时间即将结束，但这只是研究算法的开始。我希望这些问题既能让你看到自己所取得的成就，又能让你明白学习之路依然漫长。

1. DMOJ 上代码为 dmopc17c1p1 的问题：Fujo Neko（提示：该问题谈到了使用快速输入输出，不要忽视这一点）。
2. DMOJ 上代码为 coci10c1p2 的问题：Profesor。
3. DMOJ 上代码为 coci19c4p1 的问题：Pod starim krovovima（提示：为了使空杯子的数量最大化，你要在最大的杯子里放尽可能多的液体）。
4. DMOJ 上代码为 dmopc20c1p2 的问题：Victor’s Moral Dilemma。
5. DMOJ 上代码为 avocadotrees 的问题：Avocado Trees!
6. DMOJ 上代码为 coci11c5p2 的问题：Eko（提示：树的最大数量远远少于高度的最大数量。试着从最高到最矮考虑每棵树）。
7. DMOJ 上代码为 wac6p2 的问题：Cheap Christmas Lights（提示：不要尝试每秒翻转一个开关，你怎么知道要翻转哪一个？作为替代，将它们保存起来，一旦你能关闭所有开着的灯，就把它们都用上）。
8. DMOJ 上代码为 ioi98p3 的问题：Party Lamps（提示：重要的是每个按钮被按下的次数是偶数还是奇数）。

10.7 备注

“最长围巾”来自 DMOPC 2014 年 3 月的比赛。“丝带染色”来自 DMOPC 2020 年 11 月的比赛。

附录

问题鸣谢

我很感谢每一个通过编程竞赛帮助人们学习的人，感谢他们付出时间、分享专业知识。对于本书中的每一个问题，我都试图确定其作者和问题的来源。如果你知道以下任何问题的额外信息或应该享有荣誉的人，请告诉我。更新内容将在本书的网站上公布。

本书所使用的例题如表 1 所示，以下是以下表格中使用的缩略语。

CCC：加拿大计算机竞赛（Canadian Computing Competition）。

CCO：加拿大计算机奥林匹克竞赛（Canadian Computing Olympiad）。

COCI：克罗地亚信息学公开赛（Croatian Open Competition in Informatics）。

DMOPC: DMOJ 月度公开编程竞赛（DMOJ Monthly Open Programming Competition）。

ECOO：安大略省教育计算机组织编程竞赛（Educational Computing Organization of Ontario Programming Contest）。

Ural：乌拉尔（Ural）学校编程竞赛。

USACO：美国计算机奥林匹克竞赛。

表 1　本书例题

章	问题序号	原始标题	竞赛/作者
1	1	Not a Wall of Text	2015 DMOPC/ FatalEagle
1	2	Core Drill	2014 DMOPC/ FatalEagle
2	3	Winning Score	2019 CCC
2	4	Telemarketer or Not?	2018 CCC
3	5	Trik	2006/2007 COCI
3	6	Occupy Parking	2018 CCC
3	7	Tarifa	2016/2017 COCI
4	8	Slot Machines	2000 CCC
4	9	Do the Shuffle	2008 CCC
4	10	Kemija	2008/2009 COCI
5	11	Voronoi Villages	2018 CCC
5	12	Munch'n'Brunch	2017 ECOO/ Andrew Seidel Reyno Tilikaynen
5	13	Baker Brie	2017 ECOO/ Andrew Seidel Reyno Tilikaynen

续表

章	问题序号	原始标题	竞赛/作者
6	14	Card Game	1999 CCC
6	15	Cleaning the Room	2019　Ural/ Ivan Smirnov
7	16	Word Processor	2020 USACO/ Nathan Pinsker
7	17	The Great Revegetation	2019 USACO/ Dhruv Rohatgi Brian Dean
8	18	Email	2019 ECOO/ Andrew Seidel Reyno Tilikaynen Tongbo Sui
8	19	Common Words	1999 CCO
8	20	Cities and States	2016 USACO/ Brian Dean
9	21	Lifeguards	2018 USACO/ Brian Dean
9	22	Ski Course Design	2014 USACO/ Brian Dean
9	23	Cow Baseball	2013 USACO/ Brian Dean
10	24	Lousy Christmas Presents	2020 DMOPC/ Roger Fu
10	25	Ribbon Colouring Fun	2017 DMOPC/ Jiayi Zhang

CCC 和 CCO 的问题由滑铁卢大学数学和计算教育中心所有。

后记

在你进入下一阶段之前，我想花点时间祝贺你此时所取得的成就。在拿起这本书之前，你可能没有接触过任何编程，也可能学过一点编程并想提高解决问题的能力。不管怎么样，你如果读完了这本书，并花了必要的时间来完成练习，那么现在应该知道如何用计算机解决问题了。你学会了如何理解一个问题的描述，设计解决方案，并将这个解决方案写进代码。你学会了if语句、循环、列表、函数、文件、集合、字典、完全搜索算法和大 *O* 分析。这些都是编程的核心工具，也是你会一再使用的工具。你现在也可以称自己为Python程序员了！

也许你的下一步是学习更多关于Python的知识。如果是这样的话，请看第8章末尾的备注。

也许你的下一步是学习另一种编程语言。我个人最喜欢的语言之一是C语言。与Python相比，它让你更了解程序运行时计算机内部的实际情况。如果你想学习C语言，K. N. King的《C语言程序设计：现代方法（第2版）》是一本很好的书。我认为此时，你已经具备了阅读这本书的条件。你也可以考虑学习另一种语言，如C++、Java、Go或Rust，这取决于你想写的程序类型（或者仅仅是因为你听说过这些语言）。

也许你的下一步是要学习更多关于设计算法的知识。如果是这样，请看第9章末尾的备注。

也许你的下一步是就此休息一下。做点别的事情，去解决其他类型的问题，这些问题可能与计算有关，也可能与计算无关。

祝你解题愉快！